U0172416

建筑前沿

国家出版基金资助项目
湖北省公益学术著作出版专项资金资助项目

中国城市建设技术文库

丛书主编　鲍家声

Thermal Comfort Adaptation Model for Urban Historical Block
Taking Beijing Old City as an Example

城市历史街区
空间热舒适度适应模型建构研究

以北京市老城区为例

杨鑫　贺爽　著

中国 · 武汉

图书在版编目（CIP）数据

城市历史街区空间热舒适度适应模型建构研究：以北京市老城区为例/杨鑫，贺爽著. —武汉：华中科技大学出版社，2023.8

（中国城市建设技术文库）

ISBN 978-7-5680-9708-6

Ⅰ. ①城… Ⅱ. ①杨… ②贺… Ⅲ. ①城市气候-气候环境-热湿舒适性-研究-北京 Ⅳ. ①P468.21

中国国家版本馆 CIP 数据核字(2023)第 161761 号

城市历史街区空间热舒适度适应模型建构研究
——以北京市老城区为例

杨鑫　贺爽　著

Chengshi Lishi Jiequ Kongjian Reshushidu Shiying Moxing Jiangou Yanjiu
——yi Beijing Shi Laochengqu Wei Li

出版发行：华中科技大学出版社（中国·武汉）　　电话：(027) 81321913
地　　址：武汉市东湖新技术开发区华工科技园　　邮编：430223

策划编辑：金　紫
责任编辑：胡　芬　　封面设计：王　娜
责任校对：李　弋　　责任监印：朱　玢

录　　排：华中科技大学惠友文印中心
印　　刷：湖北金港彩印有限公司
开　　本：710 mm×1000 mm　1/16
印　　张：11
字　　数：202 千字
版　　次：2023 年 8 月第 1 版第 1 次印刷
定　　价：128.00 元

投稿邮箱：283018479@qq.com
本书若有印装质量问题，请向出版社营销中心调换
全国免费服务热线：400-6679-118　竭诚为您服务

“中国城市建设技术文库”
丛书编委会

作者简介

杨　鑫　北方工业大学建筑与艺术学院，教授。主持多项国家级和省部级课题，发表SCI、CSSCI及其他核心期刊论文数十篇，出版著作十余部，参与绿色住宅等多部标准编制。主要研究方向为城市气候环境与低碳营造、跨学科的城市热舒适度环境监测与小气候调节技术研发、基于热舒适度的系统化设计方法、健康社区空间治理、城乡绿地格局系统规划、地域性风景园林设计与国际化发展趋势等。

贺　爽　北方工业大学风景园林学硕士毕业，参与了湄潭县国土空间规划历史文化专项研究、北京市房山区石窝村传统村落规划等历史文化项目，在《中国人口·资源与环境》《城市建筑》等期刊发表论文数篇。

前言

在全球气候变化的大背景下，积极应对各类极端天气，缓解气候危机对人居环境的影响迫在眉睫。 政府间气候变化专门委员会（IPCC）发布的第六次评估报告指出，人类引起的气候变化已经影响到全球每个区域的天气。 2018 年世界公众科学素质促进大会“气候变化：科学与传播”论坛提出，预计到 2030 年高温热浪将成为气候的新常态。 过去 50 年中国热浪频率和强度显著增强。 在全球气候变化和人类活动强度增加的双重驱动下，高温天气频发，生态系统平衡、社会经济发展以及人体健康状况均面临着前所未有的危机和挑战，建设气候安全型社会可以为健康福祉带来巨大协同效应，已成为世界各国共同关注的问题之一。 气候安全型社会的构建核心是人居环境，需要城市规划层面的决策，更需要人本视角下的落地实施。 从热舒适度切入研究城市局地小气候环境的改善问题，是从人体感知与生理机能的综合角度评价小气候环境是否舒适，直接关系着人居环境质量的提升，热舒适度将是城市真正“宜居”的重要考量指标之一。

本书关注城市历史街区小气候环境与热舒适度状况，历史街区是老城居民日常生活的重要空间，也为外来游客提供了体验城市历史文化的场所，其街道环境的热舒适度改善与提升尤为重要。 本书以北京老城历史街区为例，梳理了老城区整体建设情况，选取六片典型历史街区，以交通路网、绿地水系、建筑图底为视角展开分析。 通过选点全天实时监测街道小气候各项指标（空气温度、相对湿度、太阳辐射、风速风向）与热舒适度状况问卷调查，利用 ENVI-met 软件建立小气候动态模型，对街道空间热舒适度进行评估。 研究提出网格法精细化分析街区公共空间的高宽比、绿化覆盖率、建筑阴影率与小气候模型的关联性，利用景观设计的手法对街道空间进行改造优化。 最终归纳总结老城历史街区街道空间的优化策略与优化模式，建立热舒适度动态评估体系，为未来城市历史街区更新改造提供新思路与新视角。

本书中涉及的监测与数据分析等研究成果均由域境自然研究站（北方工业大学RLncut研究站）完成。在本书写作过程中，得到了很多专家学者及同行的支持和指导，并参阅了众多文献，谨向各位专家学者及文献作者表示衷心的感谢！中国城市建设研究院无界景观工作室张琦先生参与了本书编写，华中科技大学出版社金紫编辑、胡芬编辑为本书出版付出了很大努力，在此一并致谢。限于水平与时间，本书难免存在不妥之处，敬请广大读者批评指正。

著者

2023年8月

目录

第一章

城市室外热舒适度研究概述

第一节　城市室外热舒适度研究的重要意义

一、从气候变化到微气候环境研究

2018 年 8 月《自然》子刊发表的论文显示，由于气候变化，2070 年至 2100 年，中国华北平原可能因为极端热浪而变得不宜居住。过去 50 年中国热浪频率显著增加，强度显著增强。政府间气候变化专门委员会（IPCC）第六次评估报告指出，相较工业化前水平，2010—2019 年人类活动引起的全球平均表面温度升高约 1.07 ℃（0.8～1.3 ℃）[1]。现代城市化建设逐渐改变了城市气候，影响居民的生活环境。习近平总书记在二十大报告中提出“打造宜居、韧性、智慧城市”，并在中央城市工作会议中提到：“城市工作要把创造优良人居环境作为中心目标……要增强城市内部布局的合理性，提升城市的通透性和微循环能力。”然而，在城市化进程中“大城市病”日益凸显，城市老城区的气候环境危机加剧，高建筑密度、高人口聚集度，以及公共空间与绿地植被的缺乏，导致通风环境差，热岛效应加剧（图 1-1），局地气候环境持续恶化，造成人居生活环境质量低下，阻碍了老城区中的很多历史街区的发展和保护。历史街区是老城区重要的组成部分，《北京城市总体规划（2016 年—2035 年）》提到，北京要继续开展历史文化名城保护的工作，塑造传统文化与现代文明交相辉映的城市特色风貌，基于北京前期划分的历史文化街区，继续扩大保护范围，使历史文化街区占核心区总面积的比重提高到 26%[2]。

城市微气候环境是一个涉及多方面的复杂性综合课题，从热舒适度切入研究城市局地微气候环境的改善具有重要意义。热舒适度从人体感知与生理机能的综合角度评价微气候环境是否舒适，直接关系着人居环境质量，将是城市真正“宜居”的重要考量指标之一。从城市街区尺度研究热舒适度问题，一方面因为街区绿地空间是人们日常生活中接触时间最长、城市覆盖面最广的一种尺度类型；另一方面街区空间改造是城市规划与环境建设长期忽略的夹缝层，城市规划注重大尺度的景观格局，环境建设关注小尺度的各类绿地要素。从中观尺度关注街区空间的改善，这在城市存量时代到来的今天尤为重要，未来中小尺度的环境改造将最大程度影响人居

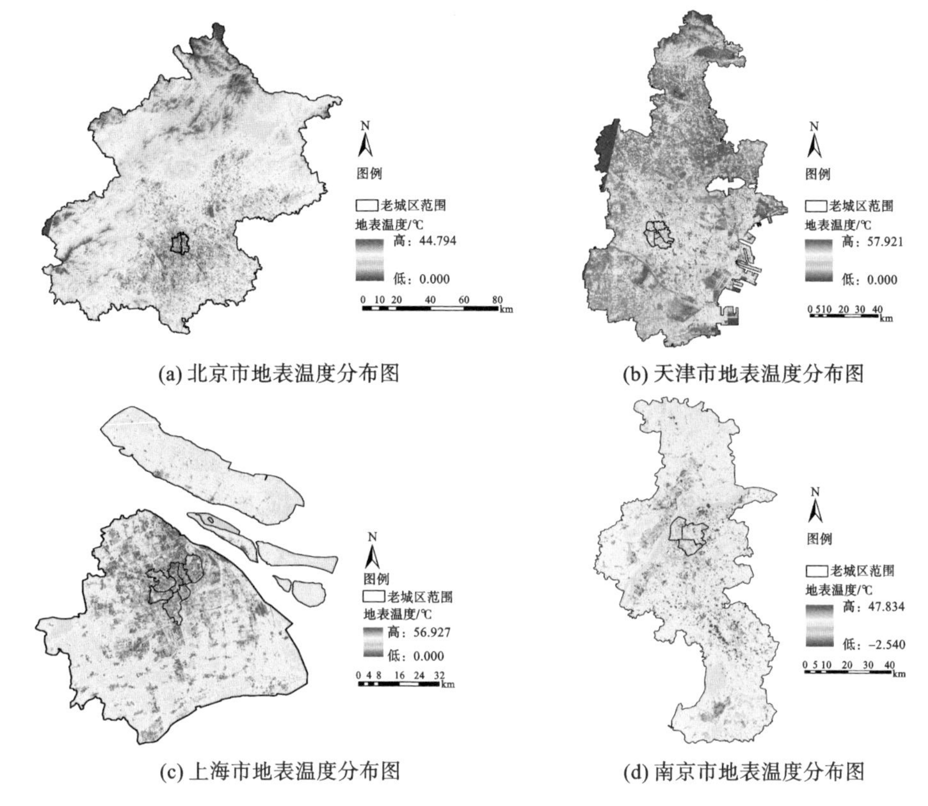

(a) 北京市地表温度分布图

(b) 天津市地表温度分布图

(c) 上海市地表温度分布图

(d) 南京市地表温度分布图

图 1-1　四座城市老城区热岛强度示意图（2020 年夏季，高雯雯绘制）

环境质量。针对城市历史街区空间的热舒适度研究，是提升街区整体活力、改善人居环境、保护历史文化遗存与延续在地生活方式的重要途径，也是将气候环境研究应用于独具文化价值的历史区域的首次尝试。

二、从热舒适度研究到城市精细化改造

（1）通过实地监测与软件模拟相结合的方法，对历史街区热舒适度指标进行修正，探索城市中这一特殊街区类型的典型气候环境特征与人体舒适性阈值，增加热舒适度与微气候研究领域成果，并为现有老城历史街区空间环境品质的评价提供新的途径。

（2）现阶段仅对城市污染物、天气状况等进行了系统监测与实时可视化，缺少更深层次的人体感知视角的评测内容。针对城市街区尺度的热舒适度评测方法，恰好能够弥补这一不足，其中客观机理指数评测与主观评测相结合的方法能够应用于

中观尺度的街区环境评价中，为现有城市环境评估提供新思路和新方法。

（3）绿地空间格局优化研究是基于热舒适度的评测体系分析结果进行的，在优化操作步骤与方法的同时，针对中小尺度街区提出优化方案，是真正能够改善城市环境问题的有效手段。

（4）城市历史街区热舒适度评价与改善是针对城市存量改造设计而提出的有效方法，具有可复制性，未来可与城市改造、城市规划与设计过程相结合。一方面，呼吁在城市建设过程中关注热舒适度这一指标，从感知层面提升人们的生活环境质量。另一方面，将热舒适度评测方法与街区空间改造方法应用于城市更新、城市改造的具体操作过程中，具有重要的实践意义。

第二节　微气候与热舒适度研究现状

一、城市气候相关研究进展

气候学家 Barry 将气候尺度分为全球性风带气候、地区性大气候、局地气候和微气候[3]。地区性大气候的水平范围为 500～1000 km，持续时间为 1～6 个月；局地气候的水平范围为 1～10 km，持续时间为 1～24 h；微气候的水平范围则为 0.1～1 km，持续时间短，最长为 24 h。Oke 将城市气候划分为三个尺度：中尺度（mesoscale）、局地尺度（local scale）和微尺度（microscale）[4]。中尺度的研究主要是城市区域层面的研究，通过遥感和气象站监测的方法获取研究数据；局地尺度的研究则关注城市内部和城市建成区的气候情况；而微尺度的研究则主要聚焦在城市功能片区或街区尺度的环境气候研究，考虑人体处在城市中的热舒适度情况，针对建筑组合形式、绿地分布情况、街道高宽比等具体的城市形态要素展开相关研究。

城市尺度下的气候环境研究在城市规划领域已有很多理论与实践成果，例如北京长辛店低碳社区控制性详细规划和上海世博园区生态规划设计等。叶祖达提出建立城市规划方案热岛效应预测模型，在传统控规指标中引入热岛效应控制指标[5]。《城市居住区热环境设计标准》（JGJ 286—2013）将热岛效应作为居住区评估标准，使城市热环境有可能通过城市规划与设计环节得到控制。在将城市规划与气候环境紧密联系的研究成果中，城市环境气候地图研究最具代表性。20 世纪 50 年代，德国应用气象学者开始研究城市气候地图，用以在城市气候学与城市规划之间建立联系，进而引导城市规划有效缓解雾霾和热岛等城市气候问题。德国首开先河，并在城市发展的过程中长期持续进行城市气候地图的规划应用。我国学者针对北京、厦门、深圳等城市进行气候地图研究的成果也比较丰富。在城市气候地图研究与应用中，分层绘制的气候地图将绿地空间作为一个重要的绿色下垫面，对整个城市的气候地图具有非常重要的影响，包括空气污染、通风、日照、热环境等方面[6-8]。德国标准 VDI 3787《环境气象学——城市和地区的气候和空气污染地图》研究包括热环境分析、风环境分析和空气污染分析，结合建成环境基础数据，掌握城市冠层下的热环境、空气流通以及空气污染分布状况[9]。2006 年，香港中文大学吴恩融教授团队开始针对高密度城市进行城市气候地图的研究，将土地利用信息、地形地貌、植被以及风环境纳入考虑，还包括建筑、街道和室外开敞空间等信息。同时，香港城市环境气候图采用人体生理等效温度（physiological equivalent temperature，PET）评估结果来定义其气候空间单位，划分“城市气候敏感区域”[10]。

近几年，基于不同尺度的精细化城市气候环境研究逐渐成为热点。莱瑟（Leser）首次提出精细气候区划（klimatope）——某一地区范围内气候区划的最小单位。目前，制作精细气候区划图是描述与评价某一地区城市气候状况的有效方法，已经在很多德国城市得到应用[8, 11]。其中，气候地图的基础分辨率被设定在 7.5 m×7.5 m 尺度内，在微观层面将风环境、热环境纳入城市规划决策因子之中。针对空间环境的通风问题，提出微气候环境适应，建立风环境优良循环体系，并且将风环境与交通关系网的建立进行综合一体化研究，以进一步深入指导城市空间建设。另外，基于城市行政区的气候环境研究主要针对超大城市展开，李春玲等人针对北京海淀区研究了 1975—2019 年气温变化特征[12]。秦明凯针对北京丰台区 50 年的年日照时数展开变化规律研究[13]。岳溪柳等人以北京各个行政区为单位分析了气候承载力与差异性[14]。李阳等人针对北京昌平区开展了古气候相关研究[15]。吉辰等人利用上海嘉定区 9 个气象站数据分析了该区气温与降水特征[16]。以上研究多选择超大城市，以行政区为研究对象，进行城市尺度下更细致的气候环境要素分析。

小尺度下的城市气候环境研究主要针对微气候展开实测分析与模拟。在全球气候变化备受关注的大趋势下，各国政府以及联合国环境规划署等相关机构，已经把城市局地的微气候变化作为气候环境研究的重点，而如何通过合理的城市改造和管理应对气候变化也成为研究的前沿领域。绝大部分研究都是基于传统实地观测方法对多个采样点进行同步采样，进而研究城市物理环境特征参数与微气候环境效应的关系。例如刘滨谊、张德顺等人研究了城市广场、滨水空间等城市开放空间微气候环境与人体热舒适度情况，并对上海不同类型的开放空间进行了基础调研和比较[17-18]。董芦笛等人针对西安地区城市户外活动空间微气候环境进行了测量与分析模拟[19]。彭海峰等人研究了校园活动空间的微气候环境特征[20]。Finaeva 针对意大利城市公共空间微气候环境开展了研究[21]。杨鑫等针对北京城市街区空间展开实测与模拟，提出街区绿地空间格局的微气候环境优化策略[22-23]。除此之外，微气候环境定点研究也取得了大量成果。Nenah Suminah 等人针对雅加达地区的公寓外围绿地开展了微气候实测研究[24]。Jason M. Y. Tse 等人针对英国卡迪夫建筑过渡空间开展了微气候热舒适度研究[25]。

综上所述，早期的城市气候研究主要针对城市大尺度范围，近年来，城市气候研究重点已从城市区域热环境转为局部热环境。研究主要采用定点测量，计算机数值模拟方法。研究对象包括城市广场、城市公园、湿地、校园等户外环境。关于城市微气候中观尺度的研究更多关注不同类型绿地的微气候实测及与设计要素的关联，虽然研究成果不少，但大多数研究缺少更广泛的取证与深入的分析结论，在基于微气候改善的空间改造层面缺少验证性结论。这与微气候环境复杂的影响因素有很大关系，所以本研究选择从热舒适度切入，关注城市街区尺度内的各类空间要素，在定点实测分析与模拟验证的基础上，更具体地提出空间改造方案的建议。

二、室外热舒适度相关研究进展

热舒适度评价最早起源于 20 世纪初英国矿工工作场所的热环境状况评价，发展至今已有 100 多年的历史[26]。热舒适度研究与微气候研究密不可分，为微气候评价提供了更加科学准确和人性化的途径。但同时，人们的户外热舒适度受到环境物理、个人心理和生理方面的综合作用。人体感知的影响因素较多，并具有环境适应性，增加了热舒适度研究的复杂性。

城市区域环境层面的热舒适度研究多利用卫星遥感技术，从较大尺度分析城市热舒适度。黄焕春等人分析了城市热岛效应对热舒适度的影响，并进行了等级区域划分[27]。陈睿智等人研究了宏观尺度的气候舒适度区域划分[28]。针对城市街区尺度，刘滨谊、张德顺等人针对上海城市广场、居住区等空间进行了热舒适度相关测量与分析[18, 29]。杨峰等人对高层住宅室外热环境进行了实测和数值模拟[30]。史源等人利用数值模拟对西单商业街进行了热舒适度分析研究[31]。潘剑彬等人针对城市公园分析了热舒适度空间格局特征[32]。城市绿地微观尺度下，王美莲、赵晓龙等人针对行道树绿化模式，研究了人体热舒适度变化[33-34]。夏繁茂等人针对不同植物配置方式对热舒适度的影响进行了研究[35]。Sahar Sodoudi 等人针对 25 个典型绿地布局进行了微气候热舒适度的实测模拟研究，提出绿地形态对降温效用很大，但相关性尚未证实[36]。近年来，剑桥大学的多项研究发现，热舒适度在很大程度上可以通过优化城市物质环境得到改进。心理学和社会学结合的城市研究指出，人们对室外热舒适度的感受可以通过与城市物质环境的互动操作来提升。

热舒适度指标可分为经验指数和机理指数两大类。经验性热舒适度评价指数形成于热舒适度研究早期，主要依靠人体在不同环境下感受的统计分析来构建评价指数。随着热生理学和生物气象学等学科的发展，在热交换机理上建立了热舒适度评价的指数。Fanger 教授 1970 年所提出的预测平均投票（PMV）是被广泛采用的一种热舒适度评价指标，后来 Jendritzky 等人改进了 Fanger 的热舒适度公式，通过加入太阳辐射等过程，提出了修正的 PMV 指数[37]。从热舒适度指标影响和应用范围来看，关于热舒适度指标的考量与评测，传统研究大多沿用了室内的考核标准，局限于人体生理指标。1984 年，美国加州大学伯克利分校相关研究将热舒适度考量指标扩大到对城市公共建筑周边空间风速限定。2019 年，Dragan Vučković 等人提出了神经模糊预测在热舒适度研究中的应用潜力[38]。

在室外热舒适度客观评价方面，目前评估户外热舒适度的指标以基于人体能量平衡的机理指数为主。预测平均投票（PMV）、生理等效温度（PET）、标准有效温度（SET）和通用热气候指数（UTCI）四种指标在研究中被普遍应用。这四种指标在综合考虑空气温度、相对湿度、风速和太阳辐射四种微气候要素的基础上，兼顾了服装热阻和人体新陈代谢量。随着热舒适度评价的发展与深入研究，热舒适度主观评价也不断成熟，并成为客观机理指数分析的有效补充和验证。常用的热感觉评价指标为 ASHRAE 的七点标度，热偏好评价使用麦金泰尔五级量表。屈万英、李俊鸽等人基于人体热舒适度的研究，利用问卷调查与实测方法，建立回归方程，探讨了热舒适度评价的准确性[39-40]。

综上所述，热舒适度研究在学者们不断努力的过程中取得大量研究成果，但热舒适度指标受到气候条件、活动人群等诸多因素影响，并无规律性总结的研究成果，这也说明了热舒适度研究的复杂性。

三、城市历史街区热舒适度相关研究进展

国内外室外热舒适度研究成果丰富，大量的实地研究也验证了不同地区的城市空间有不同的热舒适度阈值，但由于热舒适度评价基于人体感知视角，存在诸多复杂影响因素，难于形成统一评价标准。相关成果的研究对象多集中于居住区、城市广场、城市公园等领域，以历史街区为热舒适度研究对象的成果较少，然而历史街区这一特殊城市空间类型正面临着公共空间缺失、植被覆盖面积不足、环境不舒适、历史文化保护与环境质量提升脱节等诸多问题。吴园园等人通过 ENVI-met 模拟与实测研究了半干旱地区历史街道空间的微气候环境优化策略[41]。熊瑶等人以江南历史街区为对象，通过实测与模拟，以生理等效温度（PET）研究人体舒适度情况[42]。范若冰等人运用 Ecotect 建筑环境分析软件模拟了西安某历史街道空间，总结微气候舒适度改善与风貌保护相结合的改进方法[43]。Bochenek 和 Klemm 以街道空间中行道树的不同形态入手，对波兰历史街区的热舒适度进行了评估[44]。Federica Rosso 等国外学者探讨了建筑创新材料在历史街区热舒适度调节中的有效性[45]。另外，在历史街区微气候环境与文化景观认知方面，Malorey 和 Erin 关注了气候变化背景下文化资源的脆弱性，提出了历史街区规划与管理应该关注物理环境与场所营建双重因素[46]。

四、存在的问题与发展趋势

关于热舒适度及微气候的研究在取得大量实践成果的同时，也处于质疑不断的发展过程中。Kántor 和 Johansson 等人先后提出户外热舒适度主观评价的工具与方法需要标准化[47-48]。Ruiz 等人将 PET、PMV 等四个热舒适度指标与受试者的实际热感觉进行比较，认为这些指标的预测能力不足，对于不同的研究地点有必要结合当地人的感知建立热适应模型[49]。正是这些研究的思考促使城市室外热舒适度研究不断趋于成熟，并在近几年成为学术研究热点。

在前人丰富的研究成果中，关于热舒适度的评测已有较成熟的方法，之前的大

量研究集中在热舒适度在环境物理、个人心理和生理方面的评测方法改良，以及针对不同城市空间和人体感受的实验测量，大量的观察、实测、模拟、计算等为热舒适度的研究打下了坚实基础。 但是，热舒适度评测在城市规划设计和建设实践中的应用几乎没有研究进展。 热舒适度这一评价指标要想在宜居城市建设中真正起到有效作用，必须要有更详尽和具体化的评价方法，才能切实指导环境建设。

参考文献

[1] Intergovernmental Panel on Climate Change. Climate change 2021:the physical science basis[R]. Geneva:IPCC,2021.

[2] 中国共产党北京市委员会,北京市人民政府. 北京城市总体规划（2016 年—2035 年）[M]. 北京:中国建筑工业出版社,2019.

[3] 吉野正敏. 局地气候原理[M]. 郭可展,李师融,宋多魁,等译. 南宁:广西科学技术出版社,1989.

[4] OKE T R. Initial guidance to obtain representative meteorological observations at urban sites[R]. Geneva:World Meteorological Organization,2006.

[5] 叶祖达. 城市建设适应气候变化:情景预测、风险评估、行动方案[J]. 建设科技,2020（17）:12-17.

[6] 王频,孟庆林. 多尺度城市气候研究综述[J]. 建筑科学,2013,29（6）:107-114.

[7] 王频,孟庆林,张宇峰,等. 城市气候地图概述及其作为热环境评估工具的应用[J]. 建筑科学,2016,32（12）:47-53.

[8] 刘姝宇,宋代风,王绍森. 德国城市气候地图发展及其规划引导作用衍化[J]. 国际城市规划,2015,30（3）:84-90.

[9] 任超,吴恩融. 城市环境气候图——可持续城市规划辅助信息系统工具[M]. 北京:中国建筑工业出版社,2012.

[10] NG E Y Y,KATZSCHNER L,WANG Y,et al. Urban climatic map and standards for wind environment-feasibility study[R]. Hong Kong:Planning Department of Hong Kong Government,2008.

[11] LESER H. Physiogeographische untersuchungen als planungsgrundlage für die gemarkung esslingen am neckar[J]. Geographische Rundschau,1973,25（8）.

[12] 李春玲,王 冠. 1975—2019 年北京市海淀区气温变化特征分析[J]. 现代农业科技, 2021（1）:199-204.

[13] 秦明凯. 北京市丰台区日照时数变化规律及影响因素分析[J]. 高原山地气象研究,2013,33（3）:60-64.

[14] 岳溪柳,於琍,黄玫,等. 人类活动影响下的北京地区气候承载力初步评估[J]. 气候变化研究进展,2017,13（06）:517-525.

[15] 李阳,徐岱南,魏明建. 北京昌平地区 30000 yr BP 以来的古气候研究[J]. 首都师范大学学报（自然科学版）,2016,37（6）:80-84.

[16] 吉辰,闵锦忠,耿焕同,等. 2006—2015 年上海嘉定区气温和降水非均匀分布特征分析[J]. 气象科学,2017,37（1）:110-119.

[17] 刘滨谊,魏冬雪,李凌舒. 上海国歌广场热舒适研究[J]. 中国园林,2017,33（4）:5-11.

[18] 张德顺,王振. 高密度地区广场冠层小气候效应及人体热舒适度研究——以上海创智天地广场为例[J]. 中国园林,2017,33（4）:18-22.

[19] 董芦笛,樊亚妮,李冬至,等. 西安城市街道单拱封闭型林荫空间夏季小气候测试分析[J]. 中国园林,2016,32（1）:10-17.

[20] 彭海峰,杨小乐,金荷仙,等. 校园人群活动空间夏季小气候及热舒适研究[J]. 中国园林,2017,41（12）:47-52.

[21] FINAEVA O. Role of green spaces in favorable microclimate creating in urban environment （exemplified by Italian cities）[C]. IOP Conference Series:Materials Science and Engineering,2017.

[22] 杨鑫,段佳佳. 微气候适应性城市——北京城市街区绿地格局优化方法[M]. 北京:中国建筑工业出版社,2018.

[23] 杨鑫,段佳佳. 不同临街空间模式对小气候环境的影响——以北京市城区典型临街空间为例[J]. 城市问题,2016（7）:44-54.

[24] SUMINAH N, SULISTYANTARA B, BUDIARTI T. Analysis of green space characteristic effect to the comfort microclimate in the simple flats in Jakarta[C]. IOP Conference Series:Earth and Environmental Science,2017.

[25] TSE J M Y,JONES P. Evaluation of thermal comfort in building transitional spaces-field studies in Cardiff, UK [J]. Building and Environment, 2019, 156（6）:

191-202.

[26] AYNSLEY R,SPRUILL M. Thermal comfort models for outdoor thermal comfort in warm humid climates and probabilities of low wind speeds[J]. Journal of Wind Engineering and Industrial Aerodynamics,1990,36:481-488.

[27] 黄焕春,运迎霞,王世臻,等. 城市热岛对热舒适度的景观格局影响演化分析[J]. 哈尔滨工业大学学报,2014,46(10):99-105.

[28] 陈睿智,董靓. 面向低碳景观的四川地域气候舒适度区划研究[J]. 建筑科学,2012,28(6):57-60.

[29] 刘滨谊,梅欹,匡纬. 上海城市居住区风景园林空间小气候要素与人群行为关系测析[J]. 中国园林,2016,32(1):5-9.

[30] 杨峰,钱锋,刘少瑜. 高层居住区规划设计策略的室外热环境效应实测和数值模拟评估[J]. 建筑科学,2013,29(12):28-34,92.

[31] 史源,任超,吴恩融. 基于室外风环境与热舒适度的城市设计改进策略——以北京西单商业街为例[J]. 城市规划学刊,2012(5):92-98.

[32] 潘剑彬,李树华. 北京城市公园绿地热舒适度空间格局特征研究[J]. 中国园林,2015,31(10):91-95.

[33] 王美莲,李志强,银红,等. 行道树绿化模式夏季小气候效应与人体舒适度研究[J]. 西北林学院学报,2015,30(5):235-240.

[34] 赵晓龙,李国杰,高天宇. 哈尔滨典型行道树夏季热舒适效应及形态特征调节机理[J]. 风景园林,2016(12):74-80.

[35] 夏繁茂,季孔庶,杨宜东. 植物不同配置模式对绿地小气候温湿度的影响[J]. 林业科技开发,2013,27(5):75-78.

[36] SODOUDI S,ZHANG H W,CHI X L,et al. The influence of spatial configuration of green areas on microclimate and thermal comfort[J]. Urban Forestry & Urban Greening,2018,34(8):85-96.

[37] FANGER P O. Assessment of man's thermal comfort in practice[J]. British Journal of Industrual Medicine,1973,30(4):313-324.

[38] VUČKOVIĆ D,JOVIC S,BOZOVIC R,et al. Potential of neuro-fuzzy methodology for forecasting of outdoor thermal comfort index at urban open spaces[J]. Urban Climate,2019,28(6):100467.

[39] 屈万英,闫海燕,杨柳,等. 西安地区过渡季人体热舒适气候适应模型研究[J]. 建筑科学,2014,30（2）:51-56.

[40] 李俊鸽,杨柳,刘加平. 夏热冬冷地区夏季住宅室内适应性热舒适调查研究[J]. 四川建筑科学研究,2008,34（4）:200-205.

[41] 吴园园,王爱霞,秦亚楠,等. 半干旱地区步行街道过渡季微气候生态性营造研究——以呼和浩特市塞上老街、通顺大巷、大召前街为例[J]. 西部人居环境学刊,2019,34（3）:26-34.

[42] 熊瑶,严妍. 江南历史街区中小气候因子与热舒适性关联性研究[J]. 西安建筑科技大学学报（自然科学版）,2021,53（2）:239-246.

[43] 范若冰,李红艳,袁栋. 基于 Ecotect 的历史街区生态微气候调查研究——以西安三学街历史文化街区为例[J]. 华中建筑,2016,34（6）:100-105.

[44] BOCHENEK A D, KLEMM K. Effectiveness of tree pattern in street canyons on thermal conditions and human comfort. Assessment of an urban renewal project in historical district in Lodz （Poland）[J]. Atmosphere,2021,12（6）:751.

[45] ROSSO F,GOLASI I,CASTALDO V L,et al. On the impact of innovative materials on outdoor thermal comfort of pedestrians in historical urban canyons[J]. Renewable Energy,2018,118（4）:825-839.

[46] HENDERSON M,SEEKAMP E. Battling the tides of climate change:the power of intangible cultural resource values to bind place meanings in vulnerable historic districts[J]. Heritage,2018,1（2）:220-238.

[47] KÁNTOR N,UNGER J,GULYÁS Á. Subjective estimations of thermal environment in recreational urban spaces—part 2: international comparison[J]. International Journal of Biometeorology,2012（6）:1089-1101.

[48] JOHANSSON E,THORSSON S,EMMANUEL R,et al. Instruments and methods in outdoor thermal comfort studies—the need for standardization[J]. Urban Climate,2014（10）:346-366.

[49] RUIZ M A,CORREA E N. Adaptive Model for outdoor thermal comfort assessment in an oasis city of arid climate[J]. Building and Environment,2015,85（2）:40-51.

第二章

室外热舒适度适应模型建构方法

第一节　空间基础数据库的建立

一、城市气候环境分析数据库

1. 多尺度气候环境分析

气候环境研究具有多尺度层级的特征，城市气候环境改善需要从不同尺度关注不同层面问题，已有诸多研究成果表明，城市物理环境对气候改善具有决定性作用。

室外热舒适度适应模型的建构研究尺度主要集中在小尺度下的城市微气候环境，但受上一级尺度层级的城市片区气候环境总体特征影响。城市片区气候环境分析结果能够总体把控区域气候条件，并决定了街区尺度下微气候模拟的基础参数设定，这一多尺度气候环境研究是热舒适度模型建构的重要基础。

2. 可视化气候环境分析

在城市发展建设的过程中，空间和形态的变化引起了城市气候环境的变化。尽管每座城市市域范围都有相应的气候区划标准，但是一些人为调控的因素影响着城市局地气候环境，主要包括城市热环境、风环境与污染环境。

利用城市气象基站开放数据，获取空气温度、相对湿度、最大风速、$PM_{2.5}$和空气质量指数（AQI）5 项数据。其中 AQI 是根据《环境空气质量指数（AQI）技术规定（试行）》，将《环境空气质量标准》（GB 3095—2012）中规定的 6 项污染物（SO_2、NO_2、$PM_{2.5}$、PM_{10}、CO、O_3）的浓度依据适当的分级浓度限值计算得到的简单的无量纲指数，可以直观、简明、定量地描述环境空气质量状况。在 ArcGIS 软件平台中，使用 Geostatistical Analyst 工具下的径向基函数（RBF）插值法对各类气象数据平均值进行插值计算。此工具模块的插值分析凭借采样点（可以是高程、地下水位深度或污染等级等测量值），创建可用于显示、分析和了解空间现象的表面。插值计算后得到城市各类气象数据分布图，分析城市片区气候环境分布特征，划分气候区划。

二、城市历史街区空间分析数据库

城市历史街区空间分析主要包含空间形态分析与空间结构分析两部分。空间形态分析包含建筑图底关系分析、交通路网分析、绿地空间分析。建筑图底关系分析可以反映建筑体量、建筑肌理、建筑密度等信息；交通路网分析主要反映通行状况、建筑与道路的关联，以及空间串联程度等信息；历史街区的绿地空间具有典型特征，绿地空间分析能够反映空间利用情况、体系完善程度、文化识别性强弱等信息。空间结构分析主要是针对历史街区街道空间的详细解析，包含街道长度、街道宽度、建筑高度、街道高宽比、绿化覆盖率及植物品种等信息。街道空间是历史街区重要组成骨架，是展现历史风貌的空间，也是人们日常生活、参观游览的主要感知场所。

城市历史街区空间分析数据库的建立过程如下：

首先，利用高精度遥感卫星影像对城市历史街区空间格局进行数据分析，结合现场调研考察，进行空间模式的总体分析与归纳整理，初步建立 ArcGIS 底图方案与信息化平台。

其次，在不同气候区划内选取典型的历史街区空间进行第二次深入调研与数据分析，记录量化参数，标注坐标位置，按照不同类型历史街区进行分类整理，总结北京各个气候区划内城市历史街区总体特征。

最后，建立完善的城市历史街区空间分析数据库，并与城市片区气候环境总体特征相互关联，构建热舒适度适应模型研究的基础数据库。

第二节　室外热舒适度客观机理指数评测与主观评测

一、室外热舒适度客观机理指数评测

室外热舒适度客观机理指数评测主要是针对微气候环境开展实时监测工作，并记录数据，分析趋势。实测采用 Kestrel 5400 便携式气象站和 TES 1333R 太阳能功率表进行数据记录，主要指标包括空气温度、相对湿度、风速风向、太阳辐射、海拔、大气压强等。

测量季节选择夏季（6—7 月为主），测量天气选择晴朗少云、微风、零降水天气，测量时间为 9：00—16：00，共计 7 个小时。仪器摆放位置尽量避免其他热源的干扰，如汽车、空调室外机、玻璃窗周围、材料反光区域等。测量点垂直高度为 1.5 m，测量要素为空气温度（℃）、相对湿度（%）、风速（m/s）、风向（°）、太阳辐照度（W/m^2），每隔 5 分钟记录一次，形成连续的数据曲线。同一历史街区内的街道同时测量，并在街道内均匀设置测点，进行微气候数据的收集。

二、室外热舒适度主观评测

在进行历史街区微气候环境实时监测的同时，相同地点发放主观评测调查问卷，发放时间与微气候实时监测时段相同，平均每份调查问卷的填写时间为 3～5 min。

热舒适度主观评测问卷设计包括两个方面：被访者的基本参数和主观热舒适度感受。被访者基本参数包括问卷填写地点、性别、年龄、身高、体重、着装情况、正在进行的活动。被访者主观热舒适度感受包括总体热感觉投票（TSV）、总体热舒适度投票（TCV）、湿度感知投票（HSV）、风速感知投票（WSV）、太阳辐射感知投票（RSV）[1]。其中总体热感觉投票（TSV）采用七节点模型（热+3、暖+2、少暖+1、适中 0、稍凉-1、凉-2、冷-3）。总体热舒适度投票（TCV）采用五节点模型（非常舒适+2、舒适+1、稍微舒适 0、不舒适-1、非常不舒适-2）。湿度感知投票（HSV）采用五节点模型（非常潮湿+2、潮湿+1、适中 0、干燥-1、非常干燥-2）。风速感知投票（WSV）采用五节点模型（无风+2、微风+1、稍大风 0、大风-1、很大风-2）。太阳辐射感知投票（RSV）采用五节点模型（很弱+2、有点弱+1、适中 0、有点强-1、很强-2）[2]。

第三节　基于数值统计的室外热舒适度评价指标及阈值范围

一、室外热舒适度指标简介

1. 室外热舒适度指标的文献综述

基于中国知网（CNKI）数据库，以及 Springer、Wiley、Elsevier 等外文数据库，应用 CiteSpace 软件对热舒适度研究现状进行梳理，挖掘室外热舒适度主要评价指标的应用情况。该软件工具广泛应用于科学图谱分析，将大量的文献数据通过计量分析转换为可视化的图谱[3]。CNKI 数据库是目前具有全球影响力的连续动态更新的学术期刊全文数据库，包含期刊、学位论文、会议论文、专利、科技报告等各类文献。本研究的检索时间为 2010—2020 年，累计得到 2170 条文献（图 2-1）。基于分析结果，结合传统文献阅读，总结室外热舒适度研究评价指标应用较多的是预测平均投票（PMV）、生理等效温度（PET）、室外标准有效温度（SET*）和通用热气候指数（UTCI）四个指标。

在微气候环境复杂变化的共识下，为了评价不同气候环境下的热舒适度状况，适宜的评价指标选取尤为重要。以上四个指标在综合考虑微气候要素的基础上，兼顾了服装热阻和人体新陈代谢量[4-5]，在研究中被普遍应用。

2. 生理等效温度（PET）

1987 年 Mayer 和 Höppe 加入体温调节过程的因素，提出了慕尼黑人体热量平衡模型，与此同时提出了 PET，主要用于评价室外环境的热舒适度状况[6]。该指标在考虑综合气象指标的基础上，着重考虑个人的活动、衣着、基本信息等参数，展现了人在室外热舒适度评价中的重要性。但是该指标忽视了人的自我调节机制，没有考虑人体潜热散热方面的因素，并且对室外湿度变化不够敏感。基于 CiteSpace 文献分析可知，近十年 PET 相关研究广泛，2014 年左右研究关注最多。主要研究对象为绿化体系、民居聚落、城市街区街道、交通建筑、居住区、古典园林、城市公共空间、公园绿地等（图 2-2）。PET 在城市规划设计、城市可持续发展、城市形态研究、城市街区热舒适度分布状况分析、热舒适度和热应力评估、气象预报等方面应用广泛[7-8]。

3. 通用热气候指数（UTCI）

2009 年在国际生物气象学协会中，由来自 23 个国家的 45 位科学家共同建立了 UTCI 这一综合性指标[9]。在计算模型方面，UTCI 基于 Fiala 人体模型，其考虑的因素最为全面，更为注重人体热量平衡和计算模型的客观性。在热感觉评价方面，UTCI 热感觉分区较为完整，温度跨度较大，普适性较强，可用于不同气候区域的热舒适度评价。与 PET、PMV、SET* 等稳态模型指标不同的是，UTCI 是动态模型指标，可以适用于任何季节与区域尺度[10]。基于 CiteSpace 文献分析可知，近十年 UTCI 应用广泛，包括居住区、建筑环境、城市广场、街旁绿地、传统聚落、公园绿

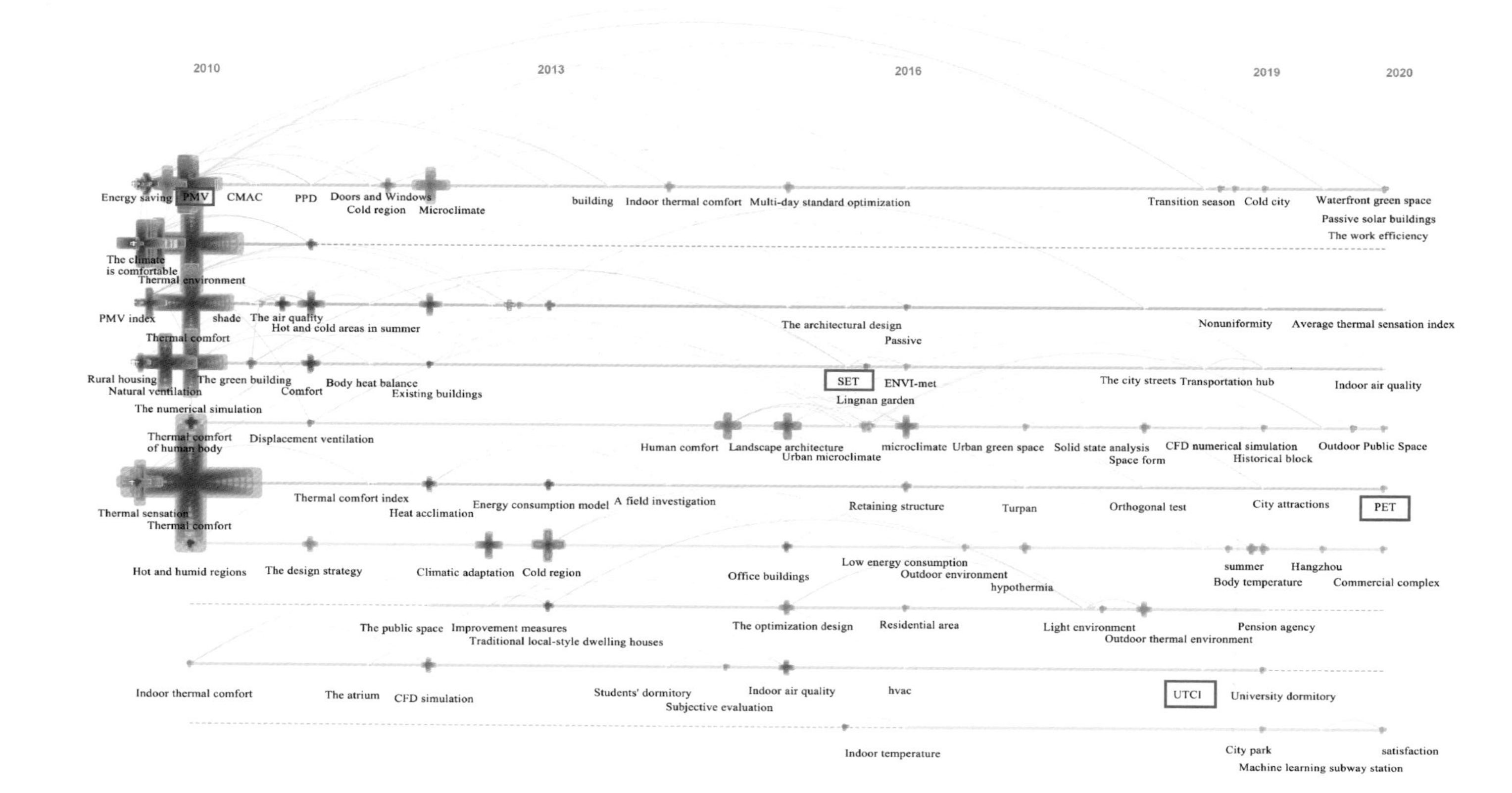

图 2-1　热舒适度关键词年度变化共现图谱分析

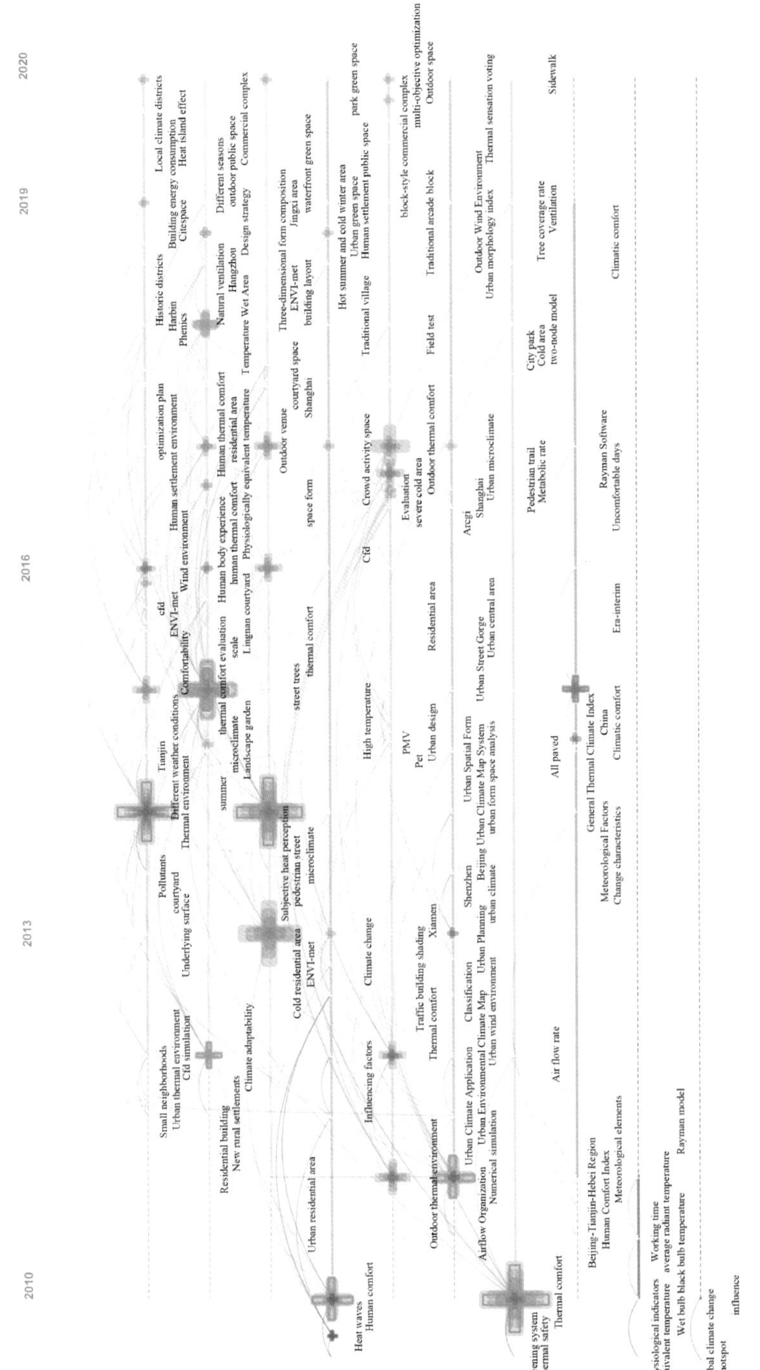

2010
2013
2016
2019
2020

Small neighborhoods
Urban thermal environment
Cfd simulation
Pollutants
courtyard
Underlying surface
Tianjin
Different weather conditions
Thermal environment
cfd
ENVI-met
Comfortability
Wind environment
optimization plan
Human settlement environment
Historic districts
Harbin
Phenics
Local climate districts
Building energy consumption
Citespace
Heat island effect
Residential building
New rural settlements
Climate adaptability
summer
thermal comfort evaluation
microclimate
scale
Landscape garden
Human body experience
human thermal comfort
Lingnan courtyard
Human thermal comfort
residential area
Physiologically equivalent temperature
Natural ventilation
Hangzhou
Temperature Wet Area
Different seasons
outdoor public space
Design strategy
Commercial complex
Cold residential area
ENVI-met
Subjective heat perception
pedestrian street
microclimate
street trees
thermal comfort
Outdoor venue
space form
courtyard space
Shanghai
Three-dimensional form composition
ENVI-met
building layout
Jingxi area
waterfront green space
Urban residential area
Heat waves
Human comfort
Hot summer and cold winter area
Urban green space
Traditional village
Human settlement public space
park green space
Influencing factors
Climate change
High temperature
Cfd
Crowd activity space
PMV
Pet
Urban design
Evaluation
severe cold area
block-style commercial complex
multi-objective optimization
Outdoor space
Traffic building shading
Outdoor thermal environment
Thermal comfort
Xiamen
Residential area
Outdoor thermal comfort
Field test
Traditional arcade block
Urban Climate Application
Classification
Shenzhen
Urban Spatial Form
Airflow Organization
Urban Environmental Climate Map
Urban Planning
Beijing Urban Climate Map System
Urban Street Gorge
Numerical simulation
Urban wind environment
urban climate
urban form space analysis
Urban central area
Arcgi
Shanghai
Urban microclimate
Outdoor Wind Environment
Urban morphology index
Thermal sensation voting
Greening system
Thermal safety
Thermal comfort
Air flow rate
All paved
Pedestrian trail
Metabolic rate
City park
Cold area
two-node model
Tree coverage rate
Ventilation
Sidewalk
Beijing-Tianjin-Hebei Region
Human Comfort Index
Meteorological elements
General Thermal Climate Index
Meteorological Factors
China
Change characteristics
Climatic comfort
Era-interim
Rayman Software
Uncomfortable days
Climatic comfort
Physiological indicators
Working time
Equivalent temperature
average radiant temperature
Wet bulb black bulb temperature
Rayman model
global climate change
hotspot
influence

图 2-2　PET 关键词年度变化共现图谱分析

地、街区绿地、室外公共空间等（图 2-3）。与此同时一些设计、模拟、分析等软件平台也开始支持 UTCI 运算模式，例如 Grasshopper Honeybee、Rayman、ENVI-met 等，加强了指标运算的科学性，开启了 UTCI 热舒适度指标可视化的新篇章[11-12]。

4. 预测平均投票（PMV）

在 1970 年 Fanger 提出人体舒适状态下的热平衡方程，利用预测平均投票来反映人体热感觉，而后 Gagge、Jendritzky 等人加入散热、潜热、室外热辐射等因素对 PMV 指标进行修正[13]。PMV 指标多用于室内热舒适度评价而少用于室外，这主要由于该指标是基于稳态热环境而建立的。与室内环境相比，室外环境较为复杂，在心理感受、热生理状况、热平衡等多方面均产生了极大的差异。基于 CiteSpace 文献分析可知，2010 年左右 PMV 相关研究被广泛关注，近十年 PMV 在室内与室外环境的热舒适度评价中应用都很广泛，室外研究对象主要包括居住区、庭院、城市街区、城市公园等[14-15]（图 2-4）。

5. 室外标准有效温度（SET*）

1971 年，Gagge 等在有效温度指数 ET（effective temperature index）的基础上加入皮肤湿润度、活动水平和衣服热阻等因素，提出了 SET（standard effective temperature），即标准有效温度，此时该指标用于室内热舒适度评价[16]。而后在 2000 年，Pickup 等人引入室外平均辐射模型，建立了室外标准有效温度，即 OUT-SET*（简称 SET*），从而提升了 SET* 在室外环境热舒适度评价中的适用性。SET* 指标是在二节点人体体温调节模型的基础上开发的，但是该指标忽视了低温环境和人体在重度劳动中的体温调节，导致该模型的精度有所下降[17-18]。基于 CiteSpace 文献分析可知，近十年 SET* 研究受到广泛关注，尤其是城市公园绿地热舒适度、居住区公共空间微气候、乡村建筑热舒适度等方面（图 2-5）。

从热舒适度研究的发展历程上看，室外环境的热舒适度指标建立在室内热舒适度研究的基础上。由于室外复杂的微气候环境及人体热感知的多变性，指标的精准修正在持续地更新，各类指标均建立在模型与人体感知相结合的基础上。目前四个指标应用广泛，并没有明显的倾向性。由于局地微气候环境感知的主观和客观复杂性，现有室外热舒适度指标并无相关标准，研究通过实测与模拟结合的热舒适度指标分析，能够提供一种精细化推导热舒适度标准的途径，为城市街区尺度下研究热舒适度问题提供新思路。

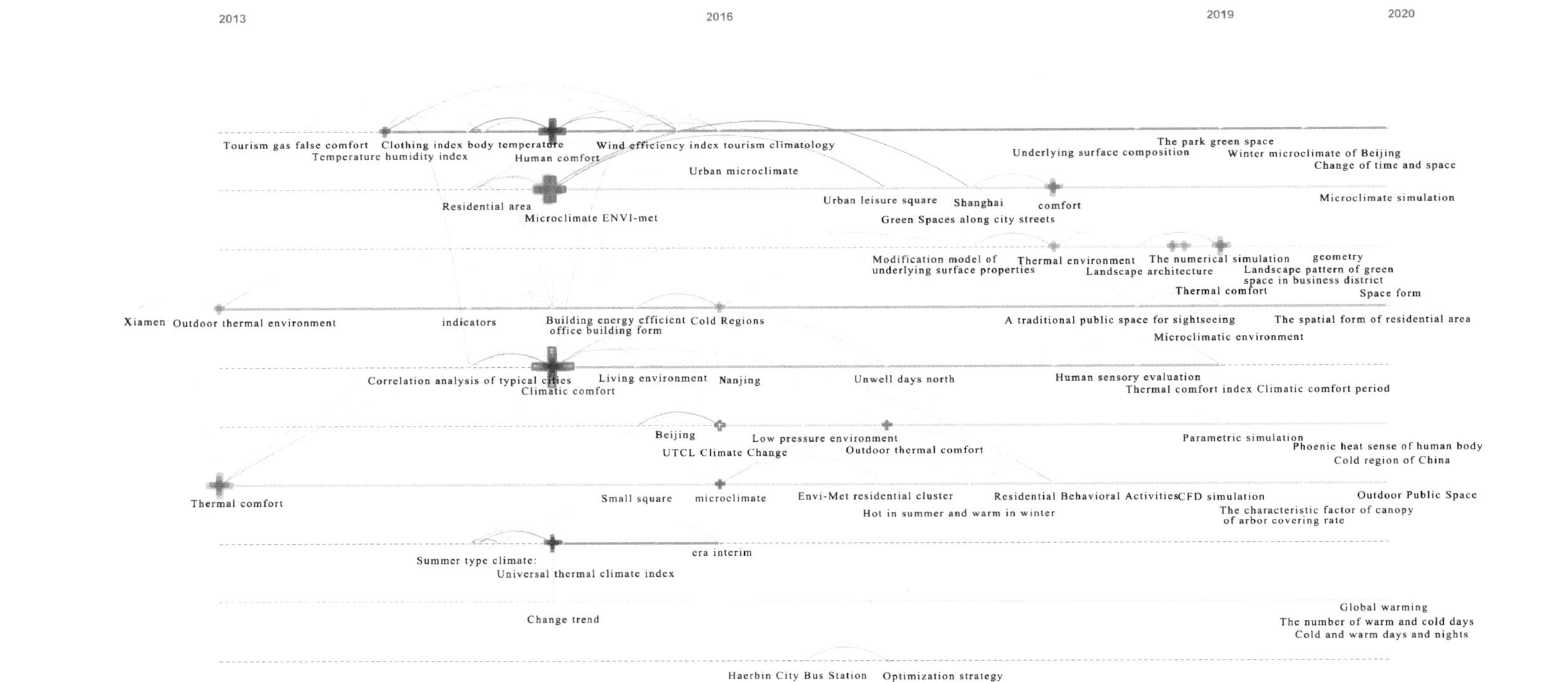

图 2-3 UTCI 关键词年度变化共现图谱分析

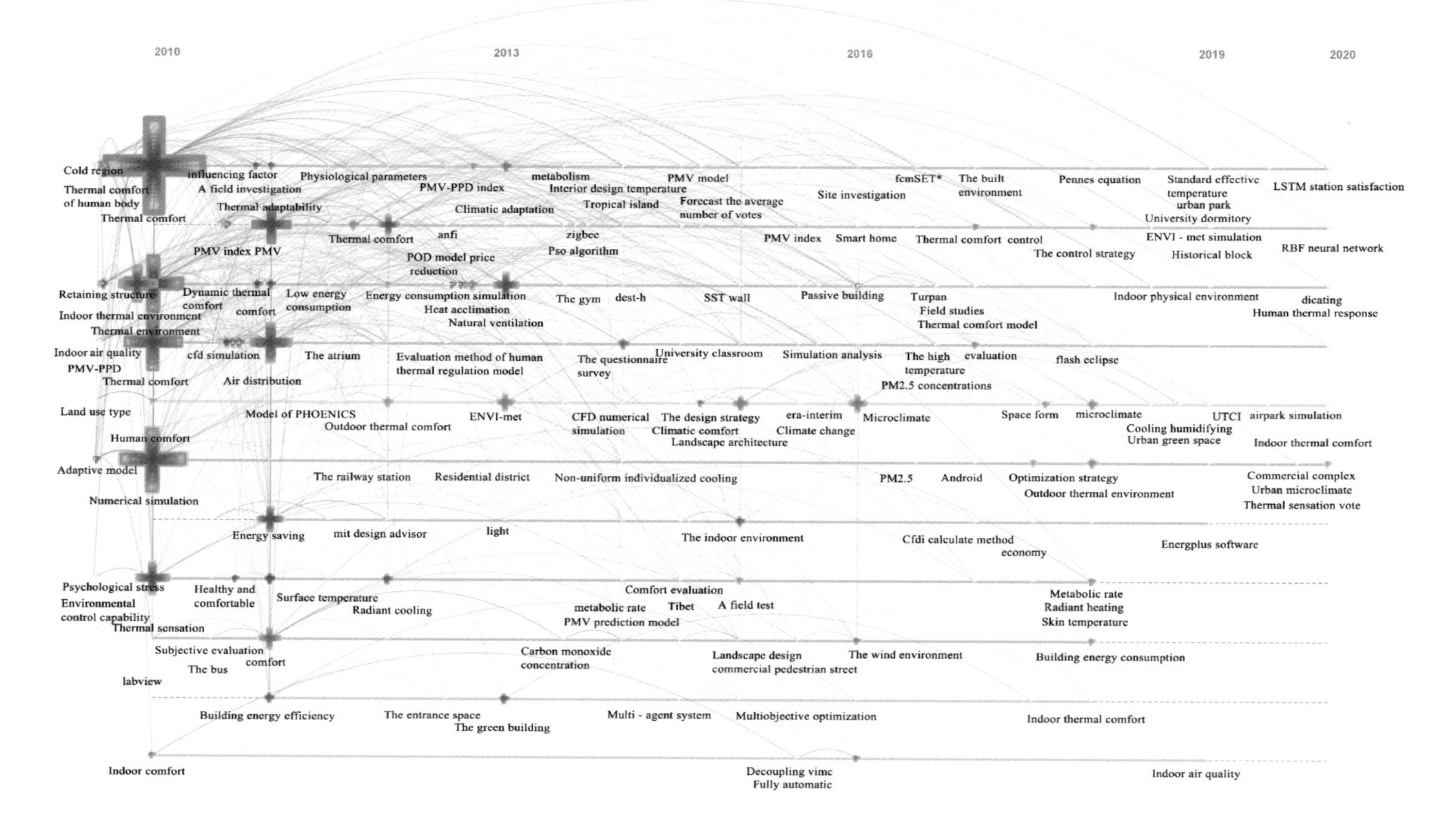

图 2-4 PMV 关键词年度变化共现图谱分析

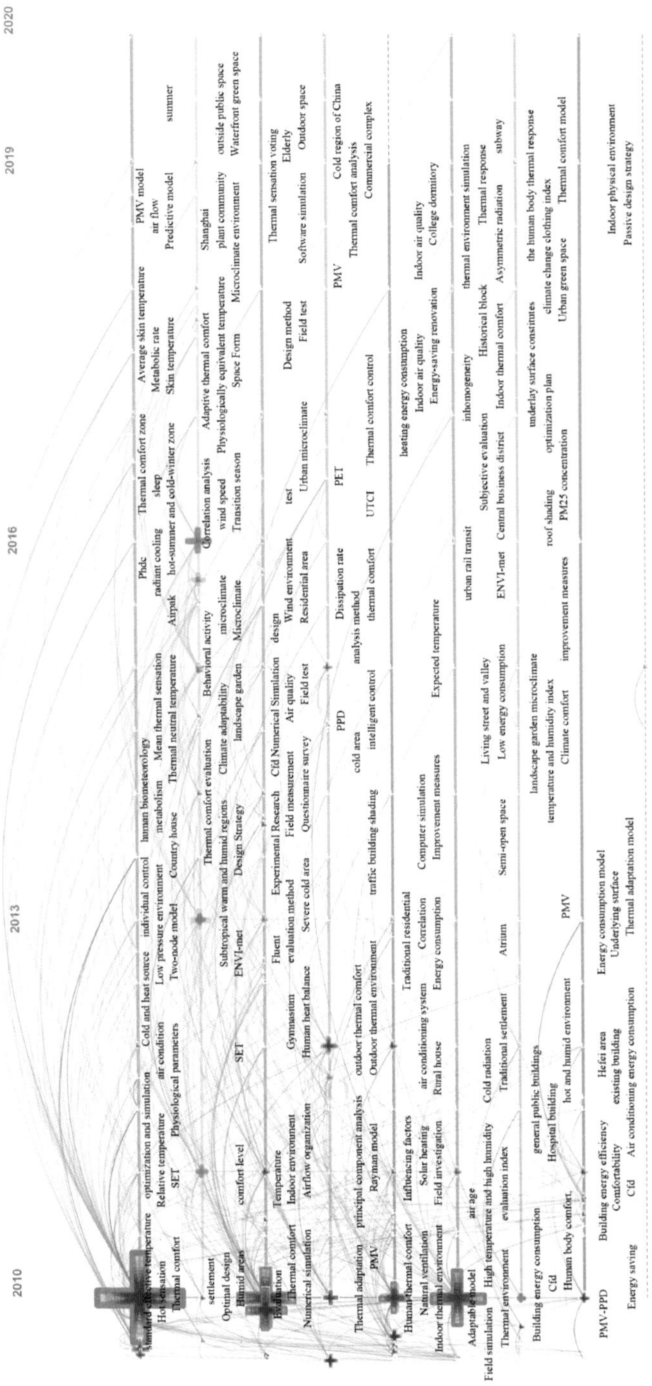

2010
2013
2016
2019
2020

Standard effective temperature
Hot sensation
Thermal comfort
optimization and simulation
Relative temperature
SET
air condition
Physiological parameters
Cold and heat source
Low pressure environment
Two-node model
individual control
Country house
human biometeorology
metabolism
Mean thermal sensation
Thermal neutral temperature
Phdc
radiant cooling
Airpak
Thermal comfort zone
sleep
hot-summer and cold-winter zone
Average skin temperature
Metabolic rate
Skin temperature
PMV model
air flow
Predictive model
summer

settlement
Optimal design
Humid areas
comfort level
SET
ENVI-met
Thermal comfort evaluation
Subtropical warm and humid regions
Design Strategy
Behavioral activity
Climate adaptability
landscape garden
microclimate
Microclimate
Correlation analysis
wind speed
Transition season
Adaptive thermal comfort
Physiologically equivalent temperature
Space Form
Microclimate environment
Shanghai
plant community
outside public space
Waterfront green space

Evaluation
Thermal comfort
Numerical simulation
Temperature
Indoor environment
Airflow organization
Gymnasium
Human heat balance
Fluent
evaluation method
Severe cold area
Experimental Research
Field measurement
Questionnaire survey
Cfd Numerical Simulation
Air quality
Field test
design
Wind environment
Residential area
test
Urban microclimate
Design method
Field test
Thermal sensation voting
Elderly
Software simulation
Outdoor space

PPD
cold area
intelligent control
Dissipation rate
analysis method
thermal comfort
PET
UTCI
Thermal comfort control
PMV
Cold region of China
Thermal comfort analysis
Commercial complex
Thermal adaptation
PMV
principal component analysis
Rayman model
outdoor thermal comfort
Outdoor thermal environment
traffic building shading

Human thermal comfort
Natural ventilation
Indoor thermal environment
Influencing factors
Solar heating
Field investigation
air conditioning system
Rural house
Traditional residential
Correlation
Energy consumption
Computer simulation
Improvement measures
Expected temperature
heating energy consumption
Indoor air quality
Energy-saving renovation
Indoor air quality
College dormitory

Adaptable model
Field simulation
Thermal environment
air age
High temperature and high humidity
evaluation index
Cold radiation
Traditional settlement
Atrium
Semi-open space
Living street and valley
Low energy consumption
urban rail transit
ENVI-met
Subjective evaluation
Central business district
inhomogeneity
Historical block
Indoor thermal comfort
thermal environment simulation
Thermal response
Asymmetric radiation
subway

Building energy consumption
Cfd
Human body comfort,
general public buildings
Hospital building
hot and humid environment
PMV
landscape garden microclimate
temperature and humidity index
Climate comfort
improvement measures
roof shading
PM25 concentration
optimization plan
underlay surface constitutes
Urban green space
the human body thermal response
climate change clothing index
Thermal comfort model

PMV-PPD
Energy saving
Building energy efficiency
Comfortability
Cfd
Hefei area
existing building
Air conditioning energy consumption
Energy consumption model
Underlying surface
Thermal adaptation model
Indoor physical environment
Passive design strategy

Body perceived temperature
Summer climate
Universal thermal climate index

图 2-5　SET* 关键词年度变化共现图谱分析

二、室外热舒适度指标修正方法

依据相关文献分析，选定四个热舒适度指标（PET、UTCI、PMV、SET*），但是由于气候环境、季节、个体因素的不同，热舒适度指标和热舒适度阈值范围并不能准确地判断某一指定地区的热舒适度优劣，因此需要通过对指标进行修正，从而精细化评价街区尺度的热舒适度状况。本研究采用了 Lin 等人所使用的方法，即计算每 1 ℃热舒适度指标对应的平均热感觉[19]。

（1）利用 Rayman 软件，输入实测微气候参数，计算出热舒适度值。

（2）将调查问卷所得的热感觉评分，与计算得出的热舒适度值和时间相对应。

（3）将热舒适度值以 1 ℃进行划分，计算出每 1 ℃热舒适度值对应的热感觉平均值。

（4）利用 SPSS 软件，将热舒适度值与平均热感觉进行回归分析，得出回归方程，通过回归方程计算出热中性值和修正好的热舒适度范围，并且以此来判断热舒适度指标的有效性。

在判断回归方程的准确性时，可以利用 R^2 和热中性值。R^2 即拟合优度，用来评价回归方程的精确性。R^2 越接近于 1，回归方程越精确；反之，方程精确性越低。热中性值即 MTSV = 0 时热舒适度指标的值，如果该值比较符合相应的气候状况，则相对有效。

上述过程最终建立了城市不同气候区划内城市街区通用的热舒适度适应模型。这一模型兼顾主观人体感知评价与客观机理指数，能够筛选针对不同气候区划的有效评价参数，并获得热舒适度的适宜阈值范围。

第四节　建立室外热舒适度评测体系框架

一、建立 ENVI-met 城市三维微气候环境动态模拟模型

1. ENVI-met 模拟软件介绍

ENVI-met 软件是由德国美因茨大学的迈克尔·布鲁斯（Michael Bruse）和赫伯

特·弗勒（Heribert Fleer）共同开发的三维城市微气候模拟软件，可用于风场环境、辐射环境、温湿环境、湍流等研究领域。软件模型基于计算流体力学和热力学，可以模拟小尺度空间内地面、植被、建筑和大气之间的相互作用过程。软件水平精度为0.5～10 m，时间步长最大为10 s，模拟周期为24～72 h。网格精度越小，模型越精准。经研究发现，ENVI-met软件被国内外学者广泛应用，室内主要用来研究建筑通风，室外主要用来研究街区、街道、广场、小型公园绿地等中小尺度城市环境的微气候状况。

ENVI-met软件主要分为4个板块：编辑板块、运行板块、热舒适度计算板块和可视化板块。编辑板块用于模型建立和模拟初始设定。平面建模主要包括建筑物、绿化植物、下垫面、地形等，基本初始参数包括模拟日期、模拟时间、模拟时长、模拟粗糙度等，气象初始参数包括空气温度、相对湿度、风速风向、云量等。运行板块导入已经设置好的SIM模拟文件，进行微气候模拟。热舒适度计算板块利用模拟得出的Atmosphere文件，进行热舒适度指数计算，该板块支持的热舒适度指数包括PET、PMV、UTCI和SET。可视化板块用于展示模拟得出的各类微气候因子的彩色分布图。

城市历史街区的ENVI-met模型基础参数与气象参数的初始设定，参照城市片区气候环境区划特征进行，保证精细化尺度下的微气候动态模型准确有效。

2. 数值模拟评价指标与精度说明

本书采用均方根误差（root mean square error，RMSE）和平均绝对百分比误差（mean absolute percentage error，MAPE）两个指标对ENVI-met模拟结果进行评价，两个指标的计算公式分别如下：

$$\mathrm{RMSE}=\sqrt{\frac{\sum_{i=1}^{n}(X_{\mathrm{obs},i}-X_{\mathrm{model},i})^2}{n}}$$

$$\mathrm{MAPE}=\frac{1}{n}\sum_{i=1}^{n}\frac{|X_{\mathrm{obs},i}-X_{\mathrm{model},i}|}{X_{\mathrm{obs},i}}$$

式中：X_{obs}为实测值；X_{model}为模拟值；n为次数。RMSE和MAPE数值越接近0，证明ENVI-met模型拟合程度越高，模型建立越精准[15]。

ENVI-met模型精度验证以前期实时监测的微气候数据作为支撑，通过上述公式计算，获得最接近研究时段与研究环境的精准模拟模型。

二、基于室外热舒适度适应模型开展历史街区热舒适度评测

以微气候环境动态模拟模型为基础，利用热舒适度适应模型中的阈值范围划分出街区内部的热舒适度分布情况，形成不舒适范围、适中范围与舒适范围的分布评价，直观评测与精准定位街区空间的问题区域，并建立城市历史街区空间热舒适度评测体系框架（表 2-1），也可综合运用于城市街区尺度的各类空间热舒适度评价工作中。

本书基于热舒适度评测结果，针对建成环境提出街区空间精细化改造方案。结合优化方案，在 ENVI-met 三维微气候环境动态模型中调整街区空间建成环境的相关参数，进行动态模拟，计算热舒适度分布评测结果，得到最优改造方案，从而针对存量城市更新提出有针对性的解决方案和基于气候环境改善的新思路。

表 2-1　城市街区空间热舒适度评测体系框架内容

<table>
<tr><th>项目</th><th colspan="2">评测内容</th></tr>
<tr><td rowspan="5">建立适应模型</td><td rowspan="3">确定各个气候区划热舒适度评价的有效指标参数</td><td>主观评价指数</td></tr>
<tr><td>客观机理指数</td></tr>
<tr><td>SPSS 回归统计分析</td></tr>
<tr><td rowspan="2">确立各个气候区划热舒适度的适宜阈值范围</td><td>回归方程计算</td></tr>
<tr><td>不同人体感知的阈值范围</td></tr>
<tr><td rowspan="6">进行分布评测</td><td rowspan="3">建立典型街区空间三维微气候环境动态模型</td><td>实测微气候数据导入</td></tr>
<tr><td>误差拟合</td></tr>
<tr><td>模拟验证</td></tr>
<tr><td rowspan="3">利用热舒适度适应模型对街区空间进行分布评价</td><td>舒适范围</td></tr>
<tr><td>适中范围</td></tr>
<tr><td>不舒适范围</td></tr>
</table>

参考文献

[1]　薛申亮，刘滨谊. 上海市苏州河滨水带不同类型绿地和非绿地夏季小气候因子及人体热舒适度分析[J]. 植物资源与环境学报，2018，27（2）：108-116.

[2]　安玉松，于航，王恬，等. 上海地区老年人夏季室外活动热舒适度的调查研究[J].

建筑热能通风空调,2015,34（1）:23-26.

[3] CHEN C M. CiteSpace Ⅱ: detecting and visualizing emerging trends and transient patterns in scientific literature[J]. Journal of the American Society for Information Science and Technology,2006,57（3）:359-377.

[4] 庄晓林,段玉侠,金荷仙. 城市风景园林小气候研究进展[J]. 中国园林,2017,33（4）:23-28.

[5] 张伟,郜志,丁沃沃. 室外热舒适性指标的研究进展[J]. 环境与健康杂志,2015,32（9）:836-841.

[6] HÖPPE P. The physiological equivalent temperature—a universal index for the biometeorological assessment of the thermal environment[J]. International Journal of Biometeorology,1999,43（2）,71-75.

[7] 熊瑶,严妍. 基于人体热舒适度的江南历史街区空间格局研究——以南京高淳老街为例[J]. 南京林业大学学报（自然科学版）,2021,45（1）:219-226.

[8] 邓寄豫,郑炘,WONG N H. 街道层峡形态对夏季室外气温及热舒适的影响[J]. 浙江大学学报（工学版）,2018,52（5）:873-885.

[9] BRÖDE P, FIALA D, BLAZEJCZYK K, et al. Calculating UTCI equivalent temperature[J]. Jounal of Environmental Ergonomics,2009:49-53.

[10] 冯锡文,何春霞,方赵嵩,等. 室外热舒适的研究现状[J]. 建筑科学,2017,33（12）:152-158.

[11] 林婉莹. 气候舒适度对旅游活动的影响研究——以我国北方避暑城市为例[D]. 上海:上海师范大学,2017.

[12] 李双双,杨赛霓,刘宪锋,等. 1960—2014 年北京户外感知温度变化特征及其敏感性分析[J]. 资源科学,2016,38（1）:175-184.

[13] FANGER P O. Thermal comfort analysis and applications in environmental engineering[J]. Applied Ergonomics,1972,3（3）:181.

[14] 吴志丰,陈利顶. 热舒适度评价与城市热环境研究:现状、特点与展望[J]. 生态学杂志,2016,35（05）:1364-1371.

[15] 劳钊明,李颖敏,邓雪娇,等. 基于 ENVI-met 的中山市街区室外热环境数值模拟[J]. 中国环境科学,2017,37（9）:3523-3531.

[16] JIANG Y, ZHAO L H, MENG Q L. Study on urban outdoor thermal comfort of

pedestrian space in hot-humid area in summer [J]. Journal of Civil and Environmental Engineering,2020,42 (3) ,174-182.

[17] 宋晓程,刘京,林姚宇,等.基于多用途建筑区域热气候预测模型的城市气候图研究初探[J].建筑科学,2014,30 (10) :84-90.

[18] DEAR R D,PICKUP J. An outdoor thermal comfort index (OUT_SET *) -part 1-the model and its assumptions [C]//Biometeorology and urban climatology at the turn of the millenium. Geneva:WMO,2000:279-283.

[19] 刘滨谊,魏冬雪,李凌舒.上海国歌广场热舒适研究[J].中国园林,2017,33 (4) :5-11.

第三章

历史街区空间热舒适度适应模型建构实践——以北京老城历史街区为例

第一节　北京老城区气候环境分析

一、北京地区环境及气候特征

北京市地处华北平原北部，西部、北部和东北部三面环山，东南为平原。全市总面积为16410平方千米，山地资源丰富，约占全市面积的62%，平原地区约占38%。北京市西部山峰属太行山脉，北部和东北部山峰属燕山山脉，海拔最高处为门头沟区东灵山，海拔2303 m。东南部平均海拔20 m。北京市地形起伏较大。

北京的气候为典型的暖温带半湿润半干旱季风气候，冬夏两季分明，春秋两季短促，这也是本书选择夏季进行热舒适度研究的原因之一。整体气候环境为：春季多风，温差较大，增温快；夏季闷热多雨，降水量占全年降水量的70%以上；秋季气候宜人，空气质量较好；冬季寒冷干燥，空气质量较差，日照量少。北京城区年平均气温与地形分布相反，呈现东南高，西部、北部、东北部较低的特征。

北京城区年平均气温大于13 ℃，西部、北部近郊区为9～13 ℃，远郊区温度最低。根据国家气象科学数据中心北京市地面累年值月值数据集（1981—2010年），北京1997—2010年月平均气温较1981—1997年有小幅上升，温差不超过1 ℃。最冷月份为1月，月平均气温-3.1 ℃，最热月份为7月，月平均气温26.8 ℃（图3-1），全年无霜期为180～200天。

根据北京市地面累年值月值数据集（1981—2010年），北京1月出现-17 ℃的极端低温和14.3 ℃的极端高温，7月出现41.9 ℃的极端高温。北京最热月平均温度与最冷月平均温度相差20～30 ℃（图3-2）。气温变化显著时，极端低温与极端高温的差值达到60 ℃左右，极端低温会产生冷害和冻害，极端高温会对人体健康产生不利影响，如增加中暑和心脑血管疾病发生的概率，给身体带来危害。

北京1997—2010年累年月平均相对湿度与1981—1997年累年月平均相对湿度基本持平，标准差数值基本在10%以内，数据离散程度较小。北京3月平均相对湿度最低，为40%～50%；7—8月平均相对湿度最高，为70%～80%（图3-3）。

北京市年均降水量是600 mm左右，特点是降水分布不均衡，东北部和西南部山

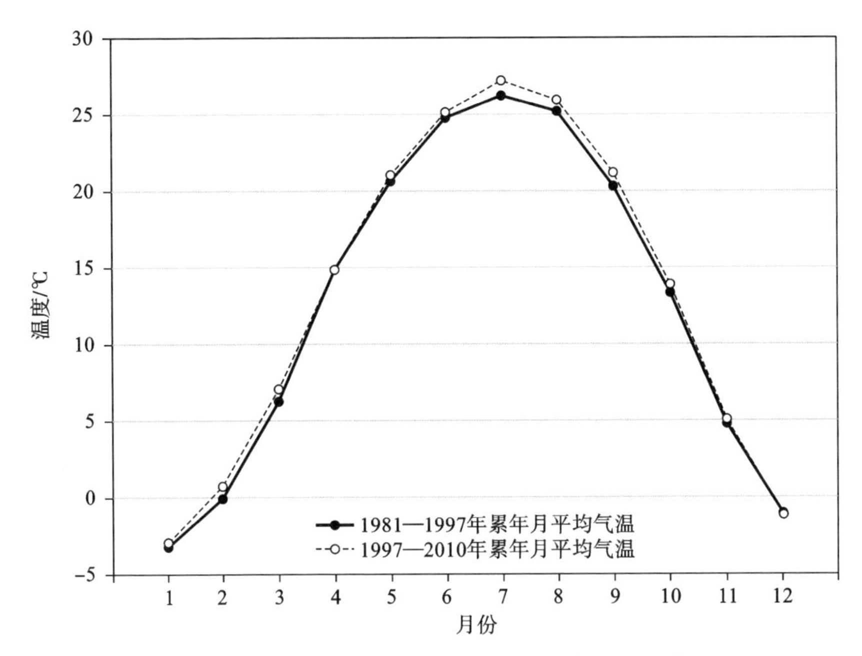

图 3-1 1981—2010 年北京累年月平均气温（刘静绘制）

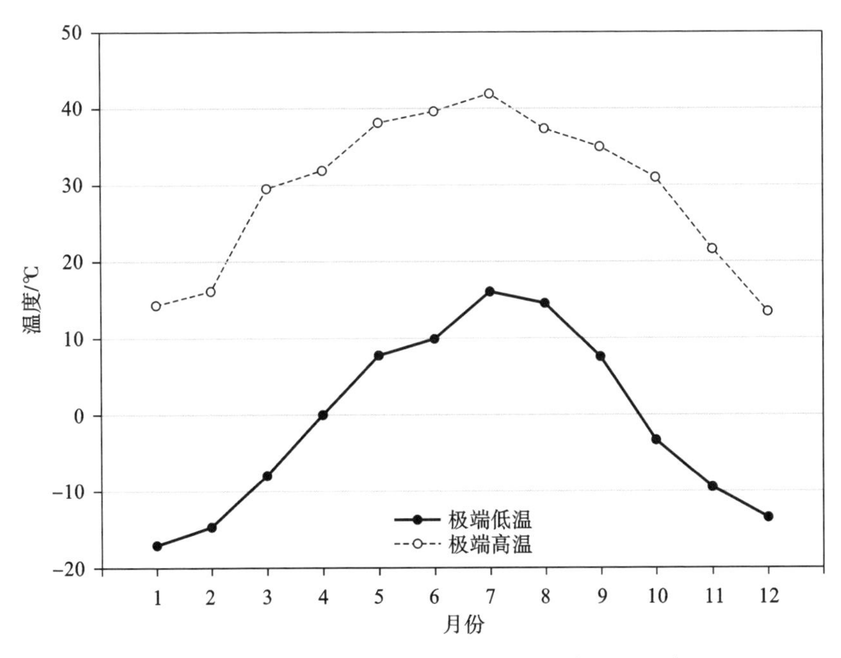

图 3-2 1981—2010 年北京月平均气温极端值（刘静绘制）

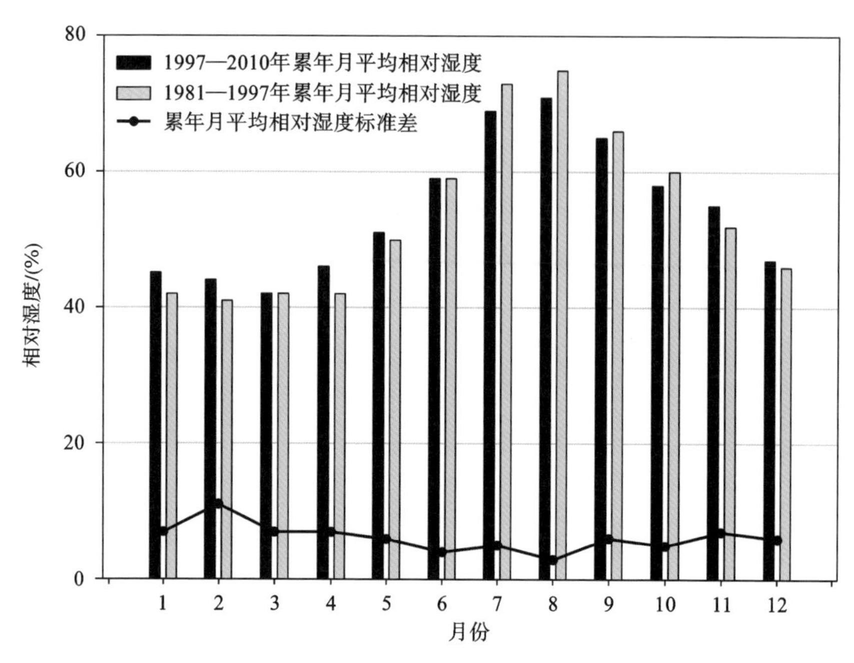

图 3-3　1981—2010 年北京累年月平均相对湿度（刘静绘制）

前迎风坡地区降水量较大，为 600～700 mm，平原及部分山区为 500～600 mm，西北部和北部的山区最少，为 500 mm[1]。北京 1997—2010 年累年 08-08 时平均月降水量与 1981—1997 年累年 08-08 时平均月降水量基本相同，相差较大月份为 10 月。平均月降水量 7 月最多，降水量为 159.6 mm；平均月降水量最少的是 12 月，降水量为 2.2 mm（图 3-4）。

北京冬季受西北部西伯利亚大陆冷高压的影响，西北风盛行；夏季受太平洋副热带高压的影响，东南风盛行。1997—2010 年累年月平均风速最小的月份是 8 月，平均风速 2 m/s；累年月平均风速最大的月份是 3 月和 4 月，平均风速 2.9 m/s（图 3-5）。风环境和山脉、河谷、街谷、城市建筑密度等密切相关，具有一定的地域性特征，比如：北部和西北部山区海拔较高，且位于上风方向，故风速较大[2]；而西南地区位于下风口，因此风速较小；中心城区受到城市建筑的阻挡，风速也较小。

北京年平均日照时间为 2000～2800 h，年均太阳总辐射量为 438.6 MJ/m^2。夏季雨季来临，日照时间减少，月日照时间为 230 h；春秋季月日照时间为 230～245 h；冬季月日照时间为 170～190 h。全年太阳辐射量 5 月份最大，为 650.9 MJ/m^2，12 月份最小，为 226.1 MJ/m^2，月变化曲线呈单峰型[3]。

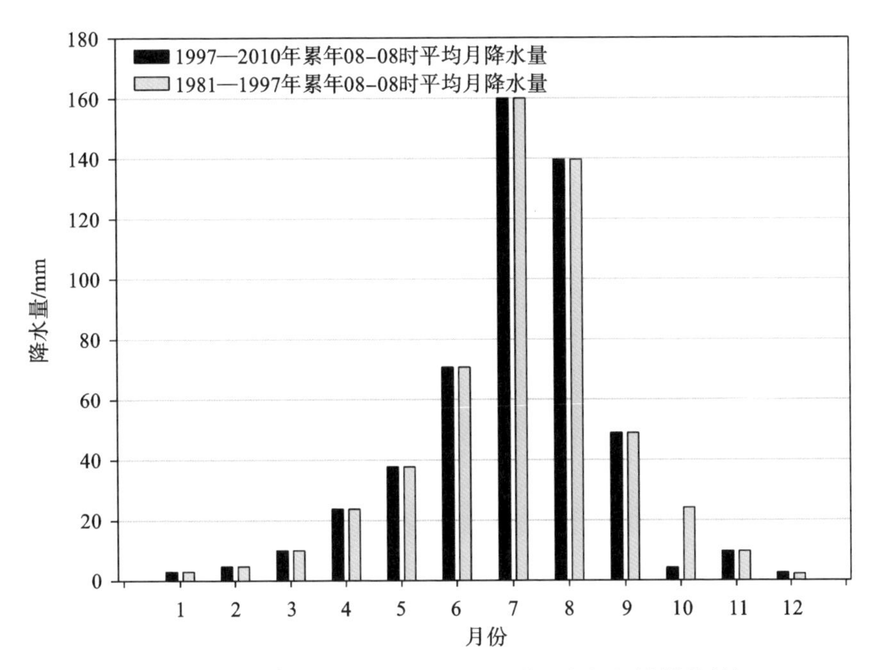

图 3-4　1981—2010 年北京累年 08-08 时平均月降水量（刘静绘制）

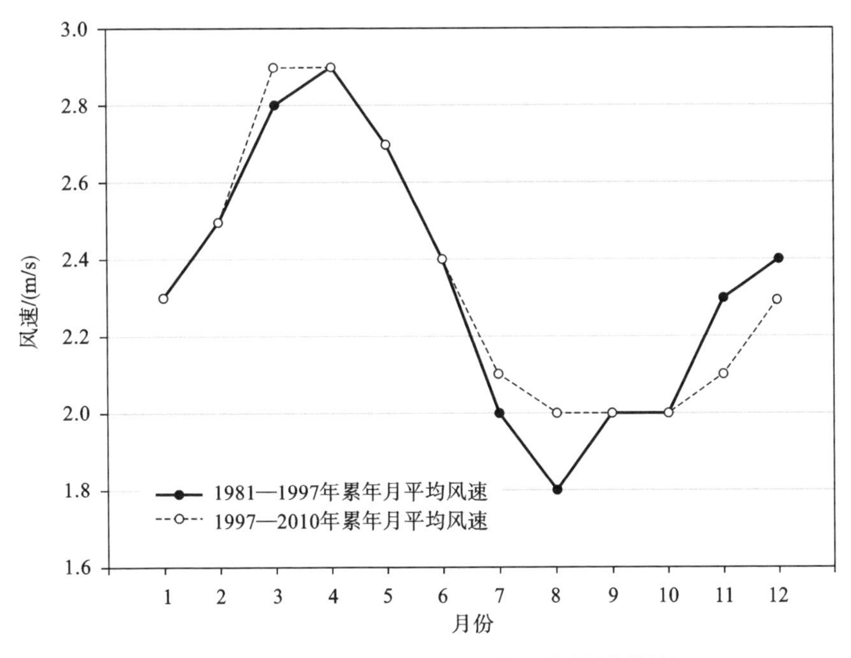

图 3-5　1981—2010 年北京累年月平均风速（刘静绘制）

二、北京老城区气候环境分析

《北京城市总体规划（2016年—2035年）》中把老城区的范围限定在北京二环路以内（含护城河及其遗址）区域，总面积约为62.5平方千米。

北京老城区气候环境基础数据库的气象要素数据来源于北京市气象信息中心北京地面自动气象站质控数据集，空气质量数据来源于北京市环境保护监测中心。该数据集建立于2018年3月，站点为北京范围内地面国家站和区域站，数据更新频率为每小时一次。下面所选取数据为2020年7月北京夏季气候监测数据。

根据网格评价法和生态环境治理中热点网络设置，将老城区划分为500 m×500 m网格单元，使城市气候环境与空气质量环境监测更加精细化。在ArcGIS中利用反距离权重插值法（IDW）对气象数据插值得到要素分布情况，可以看出2020年北京老城区在气候环境空间分布上各网格数据差异较为明显，且呈现点状分布。老城区北部平均最高温度明显高于南部地区。最高温度最大值为28.33 ℃，最小值为26.53 ℃，平均值为27.37 ℃（图3-6）。最大风速方面，北京老城区中心区域风速更高，北部与西南部其次，东部平均风速较低，最大值为2.30 m/s，最小值为0.43 m/s，平均值为1.50 m/s（图3-7）。相对湿度方面，北京老城区主要分布为南部相对湿度高于北部，中心区域相对湿度较低。相对湿度最大值为70.02%，最小值为61.32%，平均值为66.11%（图3-8）。AQI指数方面，最大值为71.55，最小值为62.38，均处于“良好”级别，由此可知北京老城区夏季空气质量较好，空气质量指数差别不大（图3-9）。北京老城区$PM_{2.5}$数值范围为35.50～47.03 $\mu g/m^3$，北京老城区均超过35 $\mu g/m^3$，空气质量指数级别为二级。天坛街道和新街口街道数值较大，$PM_{2.5}$均在40 $\mu g/m^3$以上。高数值区域主要集中在交通路网密集区，磁器口十字路口和西直门枢纽站的数值相较更大，一定程度上反映了$PM_{2.5}$数值受到建成环境因素影响（图3-10）。

城市热环境影响因素主要包括空气温度、相对湿度、空气流速和太阳辐射等，其中温度、风速等气象数据不仅是反映街道物理环境的直观要素，也是反映街道热环境的重要气候参数。从北京老城区最高温度平均值来看，温度较高街道主要集中在西长安街街道、建国门街道。相对而言，陶然亭街道、天桥街道、龙潭街道平均最高温度较低。温度较高区域建成环境中，西长安街街道气温偏高主要由于西长安街为交通要道，以及西单商业街繁华，人流聚集程度高，一天中活动时间长；建国

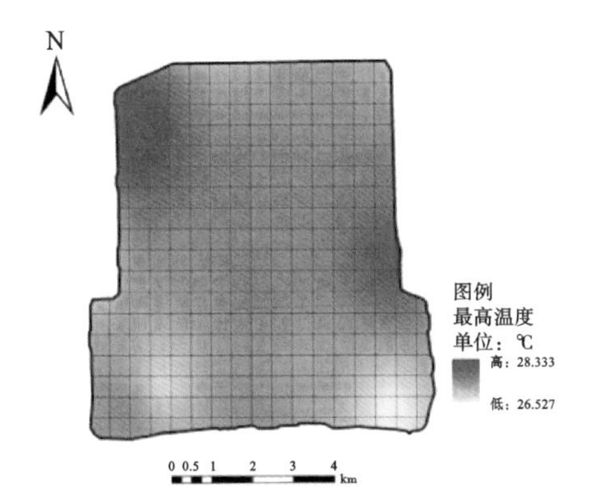

图 3-6　北京老城区最高温度分布图（张琦绘制）

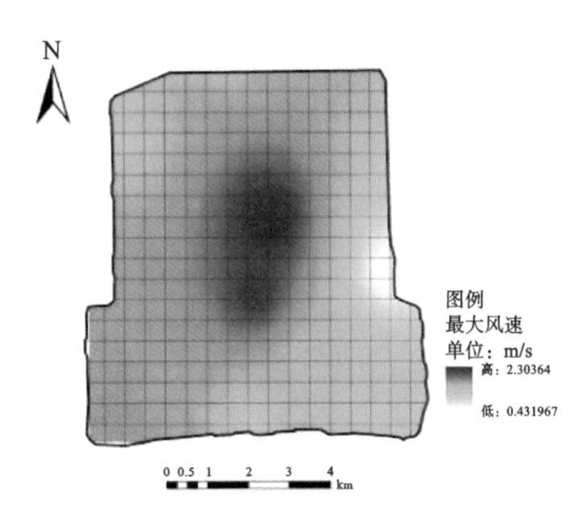

图 3-7　北京老城区最大风速分布图（张琦绘制）

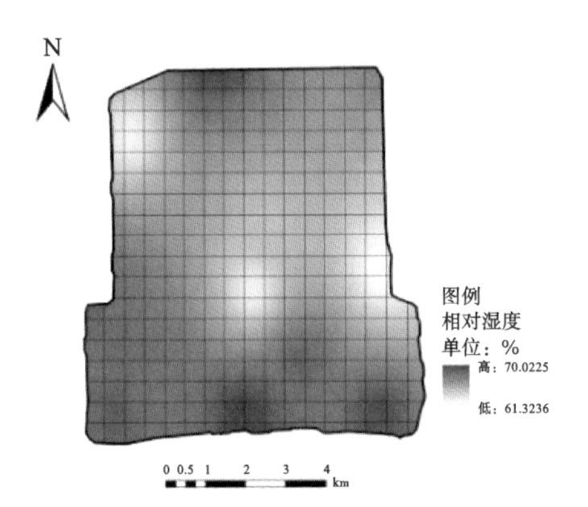

图 3-8　北京老城区相对湿度分布图（张琦绘制）

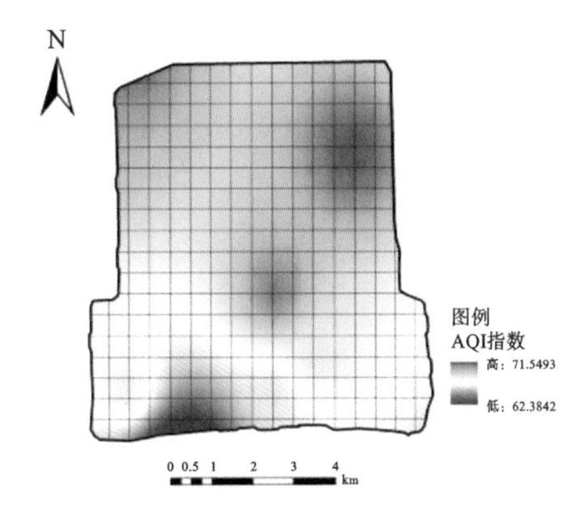

图 3-9　北京老城区 AQI 指数分布图（张琦绘制）

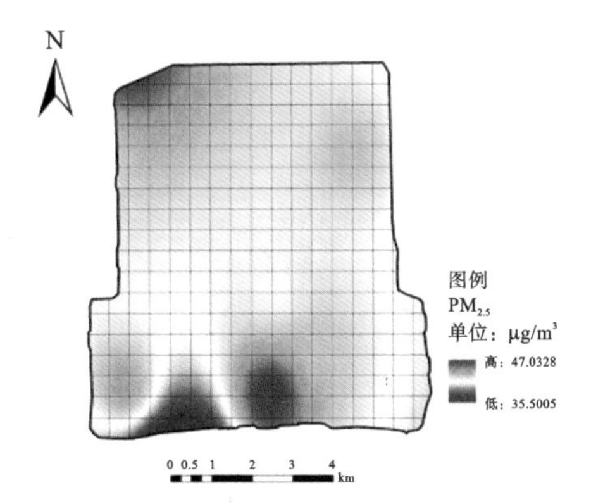

图 3-10　北京老城区 $PM_{2.5}$ 分布图（张琦绘制）

门街道气温偏高主要由于北京站是多条客运专线及城际高速铁路的交会处，以及建国门内大街交通流量大。陶然亭街道和天桥街道温度偏低主要由于建筑密度较低，植物密度高，坐落有北京先农坛体育场和永定门公园以及陶然亭公园。龙潭街道相对温度最低，由于龙潭西湖公园与龙潭公园的大面积公共绿地使得街道建筑密度低，建筑容积率低，植物密度高。温度相对较低区域拥有更好的热环境以及更高的人体舒适度。

城市风环境与城市空间形态有很大关联，风环境良好的建筑布局应重视城市通风廊道的建立，利于气体流动及污染物排出。从风循环流动的角度来评价人居环境的舒适性，高密度建筑群以及高层建筑都能改变地面层风环境结构，形成狭管效应，导致局部风速过大等。从北京老城区平均风速情况来看，较舒适风速普遍集中于东华门街道，风速平均值为1.88 m/s，西长安街街道风速平均值为1.83 m/s，大栅栏街道以及前门街道平均值为1.85 m/s，风级属于2级。风速在1.6～3.3 m/s之间属于轻风，是人体感到舒适的风环境。相对而言，建国门街道平均风速偏小，风速平均值为1 m/s，风级属于1级。风速在0.3～1.5 m/s之间属于软风，风流动性较差。风速较高的建成环境内，东华门街道中故宫博物院内部建筑密度低，容积率低，环境开阔，形成相对友好的风环境通道；西长安街街道中国家大剧院、人民大会堂均为宽阔环境，开放空间是最重要的冷空气运动承载区域。大栅栏街道和前门街道中，前门大街风速相对舒适，促进了开放空间与建设用地之间的空气交换和气流流通。

城市空气污染环境影响人类的生活质量、身体健康和生产活动。城市的空气污染造成空气污浊，导致多种疾病发病率上升等问题。严重的污染事件不仅带来健康问题，也会造成社会问题。空气污染方面主要空气质量评价指标是AQI，北京老城区AQI为51～100，空气质量级别为二级，空气质量状况为良，空气质量尚可接受，但部分污染物颗粒会对少数异常敏感人群健康有一定影响。城区内空气质量较好的区域是陶然亭街道、天桥街道，AQI平均值是63。新街口街道AQI平均值69，东四街道AQI平均值68。

$PM_{2.5}$为主要城市污染物，机动车等移动源已经成为我国大中城市$PM_{2.5}$污染的主要来源，且其对污染的贡献有不断增加的趋势。我国$PM_{2.5}$标准为年平均浓度限值35 $\mu g/m^3$，24小时平均浓度限值75 $\mu g/m^3$。北京老城区陶然亭街道西南方向出现$PM_{2.5}$最低平均值34.604 $\mu g/m^3$，达到标准0～35 $\mu g/m^3$，24小时$PM_{2.5}$平均值评价标准为优。天坛街道、新街口街道、白纸坊街道 $PM_{2.5}$ 污染物浓度相对较高。天坛街道中天坛路附近出现 $PM_{2.5}$ 最高值，平均值40.609 μg/m³；新街口街道 $PM_{2.5}$ 污染物浓度由西直门方向向西四方向依次递减；白纸坊街道中广安门内大街以南到白纸坊西街 $PM_{2.5}$ 出现浓度增加，说明该地区污染物稀释扩散能力弱，出现污染物聚集的情况。

对于污染区城市，相对湿度在细颗粒物的监测和预报中起着重要作用。北京老城区相对湿度较高区域为龙潭街道和体育馆路街道，平均值为 64.73%。白纸坊街道和牛街街道相对湿度平均值为 65%，西长安街街道相对湿度平均值为 58.34%。当无降雨，空气相对湿度在 60% 以下时，颗粒物的二次生成作用较强，$PM_{2.5}$ 的浓度同相对湿度呈正比关系。因此，相对湿度变化趋势对于了解环境的变化及建成环境优化具有重要的意义。

第二节　北京老城历史街区空间分析

一、北京老城历史街区概况

北京老城正是承载中华优秀传统文化的代表地区。62.5 平方千米的老城范围内，以各类重点文物、文化设施、重要历史场所为带动点，以街道、水系、绿地和文化探访路为纽带，以历史文化街区等成片资源为依托，打造文化魅力场所、文化精品线路、文化精华地区相结合的文化景观网络系统，使老城成为保有古都风貌、弘扬传统文化、具有一流文明风尚的世界级文化典范地区[4]。

北京老城历史街区一共发布了三批公告，共计 33 片，总面积达到 2063 公顷，占老城区总面积的 33%。其中皇城内历史街区共计 15 片，面积约为 680 公顷；皇城外历史街区共计 18 片，总面积为 1383 公顷，包括大栅栏、国子监、南锣鼓巷、北锣鼓巷、什刹海、东四三条至八条、张自忠路南、张自忠路北、新太仓、东四南、阜成门内、西四北头条至八条、南闹市口、东交民巷、法源寺、西琉璃厂、东琉璃厂、鲜鱼口（图 3-11）。

除皇城历史文化街区外，其他历史街区从行政分区来看，东城区 10 片，西城区

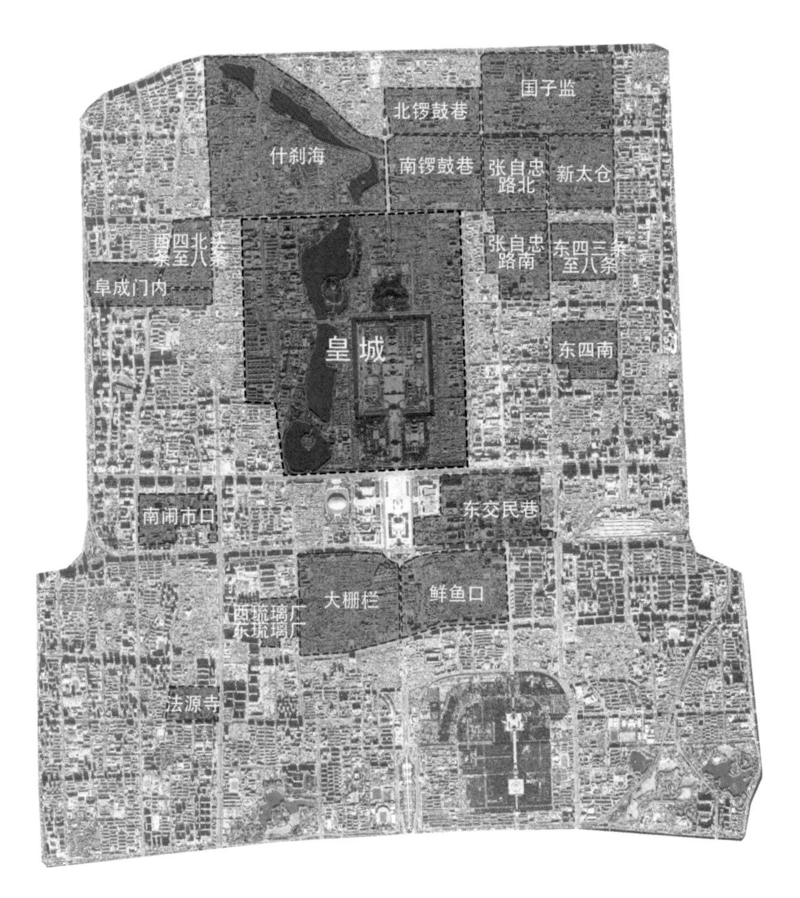

图 3-11　北京老城历史街区分布图（根据 Google 地图改绘）

8 片，东西分布较为均衡；以长安街为界，北部地区 11 片，南部地区 7 片，北部地区数量和大小均多于南部。从历史文脉、建筑特色、街区空间格局、人文环境等方面来看，各个历史街区均能展现独树一帜的历史传统风貌和地区特色。比如，什刹海地区拥有较为完整的河湖水系；法源寺始建于唐代，是北京最古老的寺庙之一，并以寺庙为中心形成了法源寺街区；大栅栏和琉璃厂是清代延续下来的传统的商业街区[5]。这些历史街区文化底蕴深厚，文保建筑较多，功能以传统胡同居住为主，传统商业和新兴文化创意产业共同渗透，打造别具一格的北京老城历史街区风貌。

二、北京典型老城历史街区空间形态分析

1. 北京典型老城历史街区的选取

依据北京老城历史街区用地性质和使用功能，把 18 片历史街区划分为三大类，

即传统商业型历史街区（包括大栅栏地区、南锣鼓巷地区、鲜鱼口地区、西琉璃厂地区、东琉璃厂地区等）、文化娱乐型历史街区（包括什刹海地区、法源寺地区、国子监地区等）、居住型历史街区（包括东四三条至八条地区、阜成门内大街地区、新太仓地区、张自忠路南地区、张自忠路北地区等）。 在划分基础上，以老城东西南北和数量大小均衡分布为依据，从每个类型选取 2 个研究对象进行深入研究。

本书选取的商业型历史街区研究对象为大栅栏地区和南锣鼓巷地区，文化娱乐型历史街区为什刹海地区和法源寺地区，居住型历史街区为东四三条至八条地区和阜成门内大街地区（图 3-12、表 3-1）。

(a) 什刹海历史文化街区

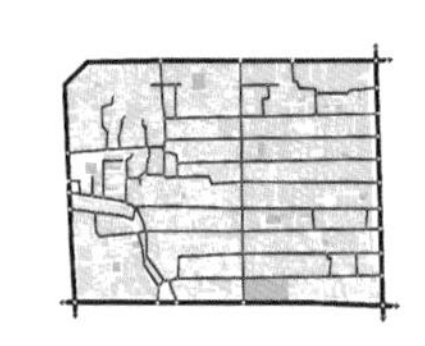

(b) 南锣鼓巷历史文化街区

(c) 东四三条至八条历史文化街区

(d) 大栅栏历史文化街区

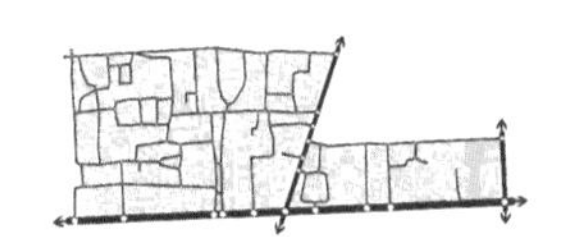

(e) 阜成门内大街历史文化街区

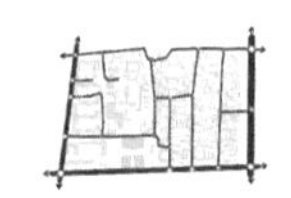

(f) 法源寺历史文化街区

图 3-12　六个历史街区平面示意图

表 3-1　北京老城各类典型历史街区基本信息

街区类型	街区名称	街区范围	街区面积/公顷
传统商业型	大栅栏历史文化街区	北起前门西大街，南至珠市口大街，西起南新华街，东至珠宝市街、粮食店街	126
	南锣鼓巷历史文化街区	北起鼓楼东大街，南至平安大街，西起地安门外大街，东至交道口南大街	84

续表

街区类型	街区名称	街区范围	街区面积/公顷
文化娱乐型	什刹海历史文化街区	北起德胜门桥，南至地安门西大街，西起新街口南大街，东至旧鼓楼大街和地安门外大街	323
	法源寺历史文化街区	北起法源寺后街，南至南横西街，西起法源寺西里及中国伊斯兰教经学院，东至菜市口大街	21.5
居住型	东四三条至八条历史文化街区	北起东四八条，南至东四三条，西起朝阳门北小街，东至东四北大街	54.4
	阜成门内大街历史文化街区	北起西弓匠胡同、东弓匠胡同、大茶叶胡同、西四北头条，南至民康胡同、羊肉胡同、大麻线胡同，西起阜成门二环路、锦什坊街，东至赵登禹路、西四南北大街、太平桥大街	70.38

2. 典型老城历史街区建筑图底分析

对比街区图底关系可以看出，六个历史街区的边界比较清晰，整体性强，空间质感各具特色（图 3-13）。

大栅栏中心区域建筑密度较高，建筑体量较小，而边界建筑体量较大，布局整齐，对街区的边界感起到了加强作用；南锣鼓巷地区普遍建筑体量较大，建筑排布紧凑、规整，围合而形成鱼骨状街巷；什刹海地区则依靠水系形成了大量留白的公共空间，例如广场、绿地、游园、滨水休闲带等功能丰富的多样化空间，并且水系走向也对周边建筑肌理和街巷走向产生影响；法源寺地区建筑体量分化较为明显，以法源寺为界，西部的居住小区和经学院的建筑体量远大于东部的胡同建筑，建筑天际线呈现西高东低的形态；阜成门内北街地区建筑体量较小，私搭乱建现象显著，因而建筑密度较大，供人们休闲娱乐的公共空间很少；相较于其他五个历史街区而言，东四三条至八条地区建筑密度适中，但是建筑体量大小不一，穿插分布。在今后老城改造和更新的过程中，应在尽量延续其空间格局的基础之上，使建筑与

(a) 什刹海历史文化街区

(b) 南锣鼓巷历史文化街区

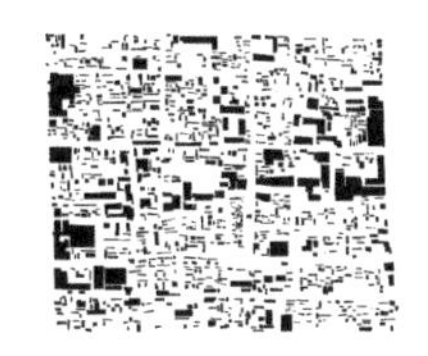

(c) 东四三条至八条历史文化街区

(d) 大栅栏历史文化街区

(e) 阜成门内大街历史文化街区

(f) 法源寺历史文化街区

图 3-13　六个历史街区建筑图底关系

室外空间均匀合理地分布，保持街区的空间特色，从而建立更为丰富的街区空间。

3. 典型老城历史街区交通路网分析

老城历史街区交通路网主要由建筑围合而成，参差不齐的建筑界面形成了凹凸有致的街道空间特征，整体宽度较窄（图 3-14）。整体路网架构呈方格网式，由于历史建筑、原有水系的影响，以及居民为了通行便捷等，也会出现一些其他走向的道路。

大栅栏地区街道形式较为规整，初建时期因百姓来往而形成自东北向西南倾斜的斜街形式，尽管经历了几百年的发展，街区的街道经过改建拓宽，城市肌理仍被保留得相对完整。

南锣鼓巷地区以中间南北向的主街为中轴线，两侧平行分布着 16 条东西走向的街道，整体街巷布局呈“鱼骨”状。街道宽度 3～9 m 不等，平均宽度为 6 m 左右。街道长度最长的为南锣鼓巷主街，约为 786 m，其余的为 200～300 m 不等。路网方正，结构清晰，有利于人群游览和疏散。

什刹海地区街道分为 9 m 宽的城市道路和 2～9 m 宽度不等的胡同。什刹海地区的三处水面自西北向东南延伸，其周围的街巷也随之倾斜，但也有少量的街道走向与之相反，因此产生大量的斜街，这种斜街主要分布在沿水的南北两岸。鼓楼西大街以北和羊房胡同以南，街道基本呈正东正西、正南正北的走向。

(a) 什刹海历史文化街区

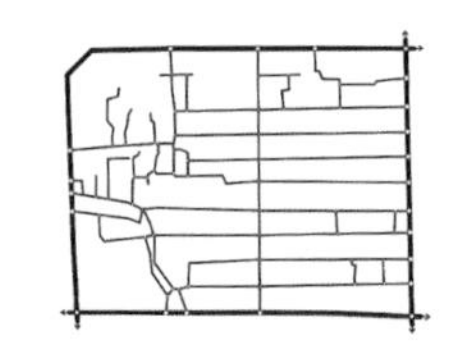

(b) 南锣鼓巷历史文化街区

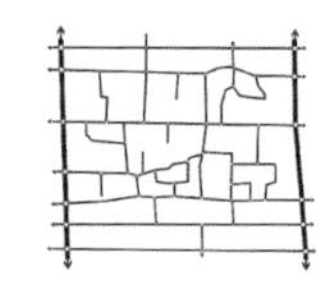

(c) 东四三条至八条历史文化街区

(d) 大栅栏历史文化街区

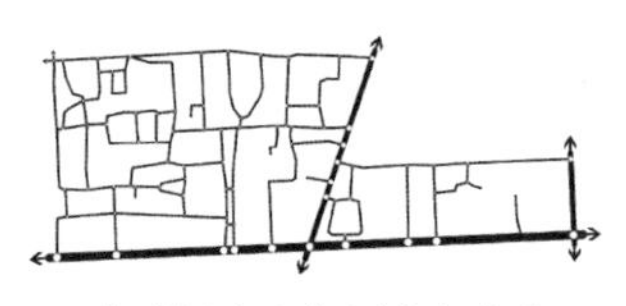

(e) 阜成门内大街历史文化街区

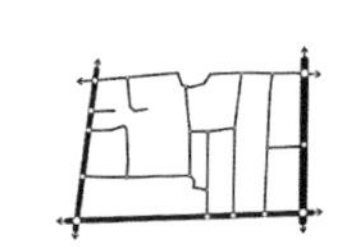

(f) 法源寺历史文化街区

图 3-14　六个历史街区道路关系

法源寺地区共计 9 条胡同，多为南北向的“竖胡同”，相较于北京老城多为东西向的“横胡同”来说，法源寺这具有一定规模“竖胡同”的路网构成了该地区独特的街巷格局。

东四三条至八条地区以东西向的胡同为主，且长度较长，为 600～750 m。南北向的胡同只起到辅助连接功能，整体路网方正，保持了原有“鱼骨”状布局，道路宽度为 3～7 m。

阜成门内大街地区以白塔寺为中心向四周扩展，而后建立的朝天宫使该地区最早的街巷格局发生了改变，新中国成立后建成的北京鲁迅博物馆再次改变了街巷格局，主要是打乱了东西走向的胡同[6]。该片区现存大量断头胡同，使街区内的交通缺乏流通性和渗透性。

4. 典型老城历史街区绿地空间分析

老城历史街区的绿地具有面积小、功能不全、空间利用不充分、碎片化分布的特点，因此出现了维护不善、绿化体系不完善、识别性较弱等问题。文化底蕴厚重的历史街区，给绿化空间升级创造了良好的基础条件，现对六个历史街区的绿地空间现状进行梳理（图 3-15）。

(a) 什刹海历史文化街区

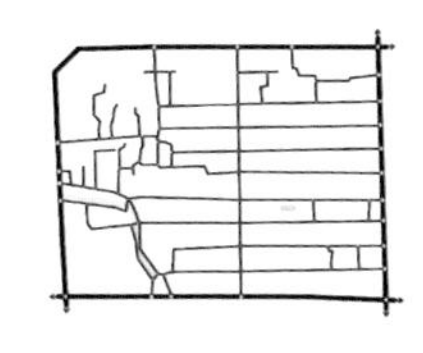

(b) 南锣鼓巷历史文化街区

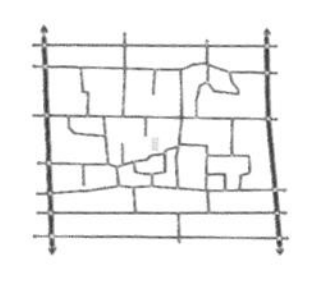

(c) 东四三条至八条历史文化街区

(d) 大栅栏历史文化街区

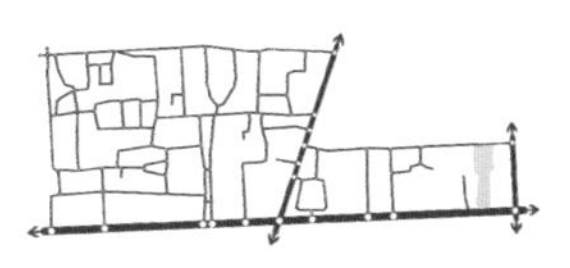

(e) 阜成门内大街历史文化街区

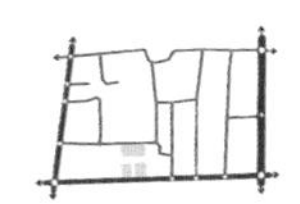

(f) 法源寺历史文化街区

图 3-15　六个历史街区绿化水系分布

大栅栏地区绿地公共空间较少，缺乏完整的休闲空间。 其中较大的一片绿地位于煤市街北侧，临近前门地铁站，但是公共服务设施较少，绿化遮阴率不足，行人难以停留。 绿化景观也多集中在道路两侧，由于街道较窄，无法种植高大乔木，导致街道内部垂直方向的绿化覆盖率较低。

南锣鼓巷地区缺少公共空间和集中绿地，现有树木主要是国槐、银杏、杨树、桧柏、侧柏和枣树，其中以北京市市树国槐为主。 区域内古树共计 78 棵，保存状况良好，主要散布在东西向的胡同内，东多西少。

什刹海地区为典型的滨水开放空间，根据实地调研、卫星地图查询和文献查阅等方式，总结出什刹海地区可自由进入的公共空间绿地 34 个，总面积约为 11.5 公顷。 绿地空间沿水系和北二环分布，形态呈条带状，零星有点状空间穿插其中。绿地面积普遍较小，使用人群主要为当地居民和游客，活动类型主要为健身、穿行、休憩等。 什刹海水系面积较大，共计 34 万 m^2，视野开阔。

法源寺地区的绿化主要为街道绿化和寺庙绿化。 街道绿化主要是杨树、国槐等乔木形成的拱形行道树；寺庙绿化主要存在于法源寺内，乔灌木种类丰富，种植大量松树、柏树、龙爪槐、海棠等，烘托出古寺的静谧。 该地区南部紧邻唐悯忠寺故址，绿化状况良好，植被层次丰富。

东四三条至八条地区公共空间和小型绿化空间较少，但是保护类树木较多，共计约 50 棵（2018 年 7 月统计），较宽的胡同绿化以街道内部高大乔木为主，街道绿化覆盖率较高，如东四三条、东四四条、东四七条、东四八条等。较窄的胡同绿化以盆栽和藤蔓植物为主，植物种类丰富。

阜成门内大街地区的绿化基本为街道两侧线状绿化，例如阜成门内北街种植的国槐，绿化覆盖率较高，营造了舒适的步行空间。该地区整体缺少片状的公共空间，不能满足居民集会和交流的需求。

三、北京典型老城历史街区街道空间分析

1. 大栅栏地区主要街道空间分析

大栅栏地区是近代北京建筑与城市空间发展最为活跃的地区。街区内建筑风格多样，且基本保持原有风貌；街区内的文教单位、报馆书局以及商业、服务业的建筑遗存则保存更多，几乎包含了所有的城市建筑类型。大栅栏地区共选取了4条典型街道，分别为杨梅竹斜街、前门大街、大栅栏商业街和煤市街（前门西后河沿街至大栅栏商业街选段）（图3-16、表3-2）。

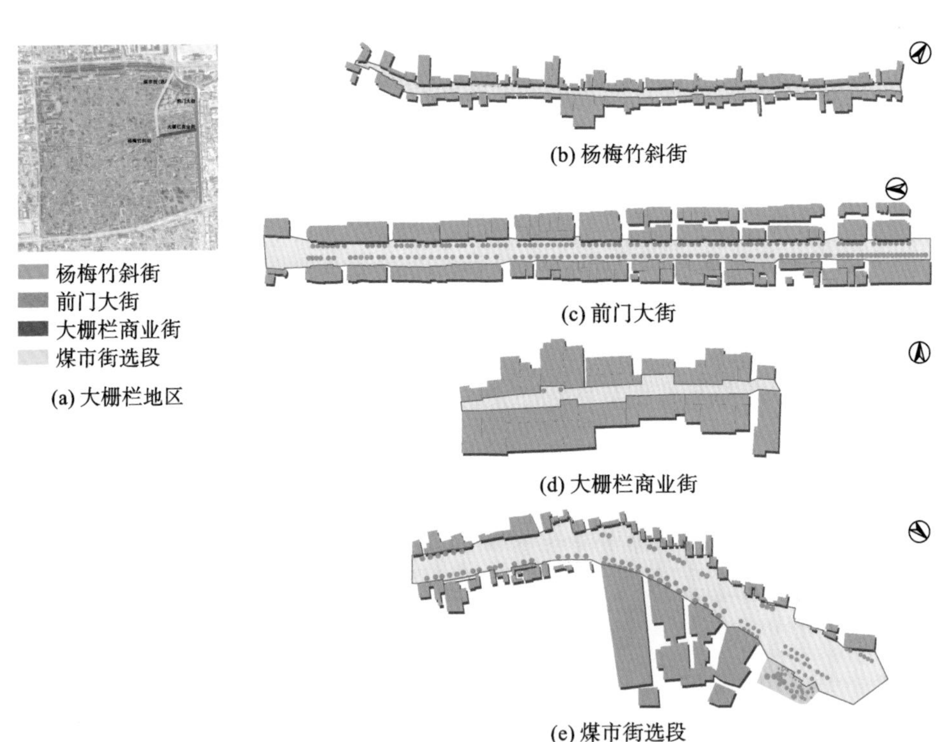

图3-16　大栅栏地区主要街道平面图

表 3-2　大栅栏地区主要街道空间基本信息统计

序号	街道名称	街道类型	街道长度/m	建筑高度/m	街道宽度/m	街道高宽比	街道绿化覆盖率/(%)	街道植物
1	杨梅竹斜街	商住混合街道	496	5.23	5.67	0.92	4.00	丁香、西府海棠、香椿、樱桃、玉兰、臭椿、石榴、枣树、大叶黄杨
2	前门大街	商业街道	845	11.31	26.38	0.43	22.50	国槐、大叶黄杨
3	大栅栏商业街	商业街道	275	12.45	11.63	1.07	0.52	白玉兰
4	煤市街选段	商业街道	400	7.67	27.55	0.28	10.45	国槐、五角枫、白皮松、银杏、白玉兰

杨梅竹斜街呈东北至西南走向，宽度大致为 4～6 m，最宽的地方位于街道西南部，有一块小型公共空间，可供周围居民日常生活使用。通过大栅栏更新计划，杨梅竹斜街已腾退约 790 户，腾退后的空间改造成公共厨房、邻里共享空间、内盒院等满足在地居民的生活性服务功能。街道绿化种类较多，但是数量较少，绿化较为杂乱。

前门大街，街道呈南北走向，周围建筑以 2 层以上为主，街道高宽比为 0.43，北部分布着商业店铺，南部规划为文化体验区。街道绿化较多，但是品种单一，树木为国槐，灌木则以石钵种植的大叶黄杨为主。

大栅栏商业街属于典型商业街，街道呈东西走向，街道高宽比较大，两端窄中间宽，建筑以 3～5 层为主，遍布传统老字号商铺。该地区绿化较少。

煤市街为单行车道，南北走向，属于大栅栏地区南北大动脉。街道周围商铺林立，街道结构为机动车道+人行道，在人行道上分布着大量的变电箱、路灯、公交站等市政设施，是大栅栏地区宽度较宽的街道之一。绿化主要是街道两侧的行道树和街道北部广场的小型绿地。

2. 什刹海地区主要街道空间分析

什刹海地区拥有国家级、市级、区级文物保护单位40余处，众多名人故居、王府古迹散落其中。除了原有的居住建筑、寺庙和王府院落，还产生了大量的酒吧、饭店和茶馆等休闲娱乐型建筑。白天开展胡同游，晚间转化成为餐饮一条街，同一建筑分成不同时段使用，产生了不同的功能。什刹海地区作为北京市历史文化旅游风景区，拥有大面积的水系，滨水公共空间较为发达，文化古迹、娱乐休闲公园、传统居住场所因水系的串联得以共生和交融，形成了滨水文化休闲片区。什刹海地区共选取了四条典型街道，分别为烟袋斜街、定阜街、西海南沿选段1（水车胡同至普济寺选段）、西海南沿选段2（后海西沿至后海公园选段）（图3-17、表3-3）。

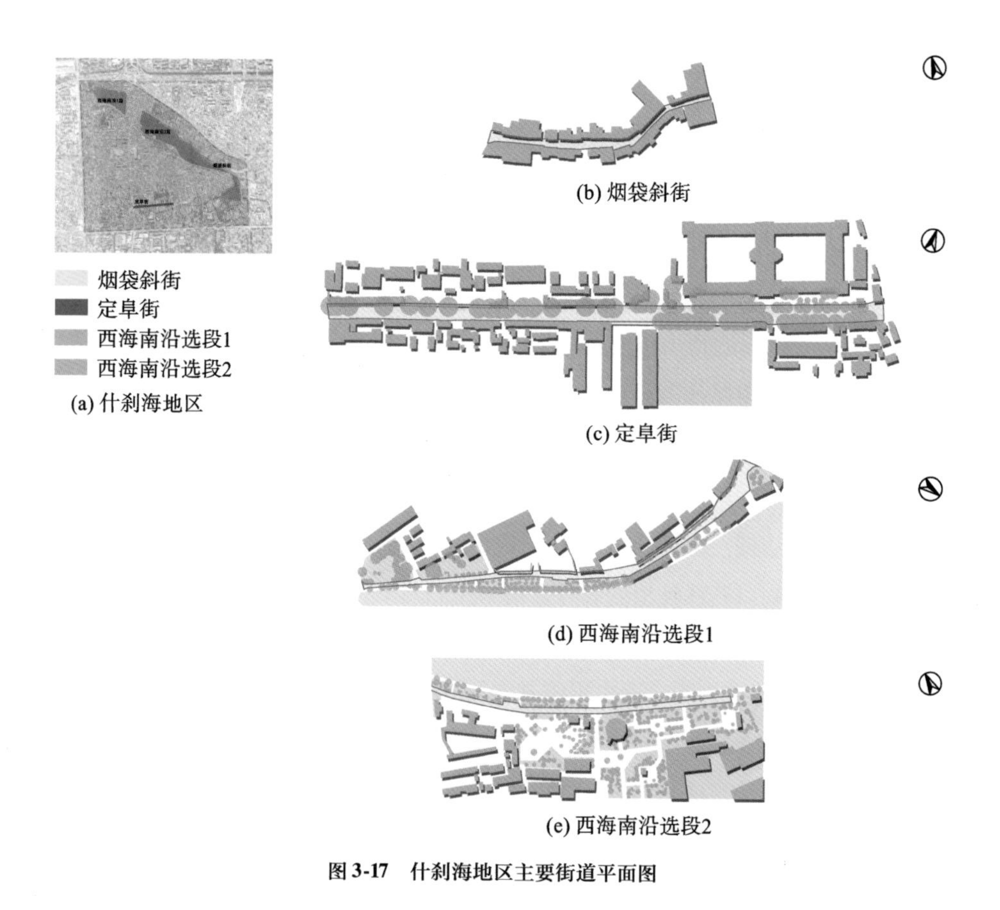

图3-17　什刹海地区主要街道平面图

表 3-3 什刹海地区主要街道空间基本信息统计

序号	街道名称	街道类型	街道长度/m	建筑高度/m	街道宽度/m	街道高宽比	街道绿化覆盖率/（%）	街道植物
1	烟袋斜街	商业街道	232	5.06	6.81	0.74	0.00	无
2	定阜街	文化娱乐型街道	468	6.27	14.93	0.42	66.21	国槐、西府海棠、紫叶李、丁香、大叶黄杨、银杏、玉兰、连翘
3	西海南沿选段 1	居住型街道	337	4.06	5.89	0.69	9.16	国槐、圆柏、沙地柏、大叶黄杨
4	西海南沿选段 2	文化娱乐型街道	300	5.74	31.21	0.18	19.71	国槐、柳树、大叶黄杨、银杏、紫叶李、金枝槐

烟袋斜街邻近前海水域，街道整体呈烟袋状，是北京最古老的商业街，具有北京特有的京味文化。定阜街呈东西走向，有三座王府院落，分别为庆王府、辅仁大学本部旧址（原涛贝勒府）和恭王府，文化氛围浓郁。西海南沿选段 1 属于居住型街道，靠近居住一侧有 3 个分散的小游园，其中 2 个较为开放，1 个较为私密；临水一侧有一条宽度约为 4 m 的绿化隔离带，整体街道氛围比较静谧。西海南沿选段 2 属于典型的文化娱乐型街道，西邻后海公园和西城区健身步道，东邻后海水面，周边绿地较为集中、面积较大，活动类型丰富。

3. 法源寺地区主要街道空间分析

法源寺地区在众多历史街区中最为悠久也最具特色，是以居住、小商业和寺院为主的城市街区，包含了传统民俗文化、宗教文化和回民文化，是宣南文化的重要承载区域。该地区的建筑主要为传统四合院，共计 238 处院落单位，其中绍兴会馆、粤东新馆、湖南会馆和浏阳会馆，是原先北京南城士绅商贾的聚集地。该地区历史悠久，底蕴深厚，保留了大量会馆遗迹与历史遗存，承载了北京城市空间历史变迁的印记，见证了北京城市文化的传承与变迁。法源寺地区共选取了两条典型街道，分别为法源寺前街和南半截胡同（图 3-18、表 3-4）。

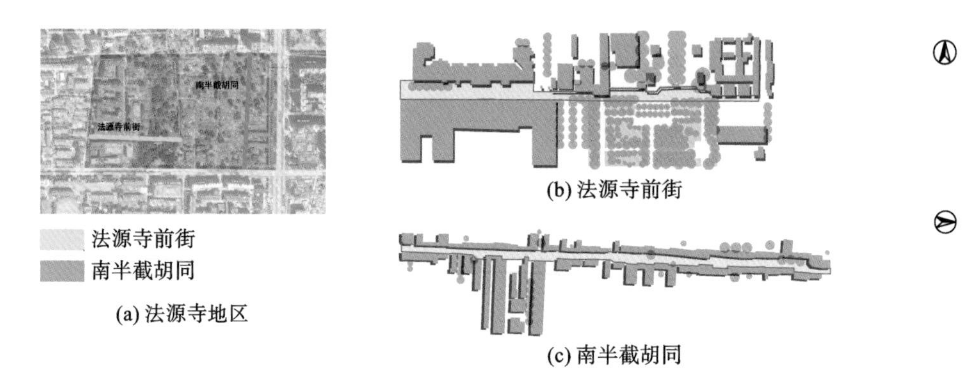

图 3-18　法源寺地区主要街道平面图

表 3-4　法源寺地区主要街道空间基本信息统计

序号	街道名称	街道类型	街道长度 /m	建筑高度 /m	街道宽度 /m	街道高宽比	街道绿化覆盖率 /（%）	街道植物
1	法源寺前街	文化娱乐型街道	295	6.61	10.73	0.62	20.57	毛白杨、槭树、银杏、柳树、侧柏
2	南半截胡同	商住混合型街道	353	4.76	7.83	0.61	5.55	桑树、加拿大杨、臭椿、国槐、毛白杨、合欢、枣树

两条街道的街道高宽比偏小，约为 0.6，但是建筑分布状况有较大的差异。法源寺前街呈东西走向，南侧为唐悯忠寺故址和中国伊斯兰教经学院，北侧为法源寺，偏向于文化娱乐型街道。相较于西侧，东侧的建筑整体偏高。南侧的唐悯忠寺故址是一片开放的绿地，绿化品质较高，空间较为开阔。街道内部绿化覆盖率为 20.57%。南半截胡同则为南北走向，属于商住混合型街道，街道两边分布着绍兴会馆、谭嗣同故居等名人会馆，街道绿化较少，绿化覆盖率仅为 5.55%。街道两边建筑低矮，高度为 4.76 m。

4. 南锣鼓巷地区主要街道空间分析

南锣鼓巷地区共 84 公顷，包含国家级、市级和区级文物保护单位近 20 处。丰富的历史资源和浓郁的文化气息引来许多人开店经营，逐渐形成了集酒吧、咖啡馆、私房菜馆、特色店铺、公益文化于一体的特色街区。随着时代的发展，南锣鼓巷地区商铺云集，逐渐成为北京老城商业街区的代表，街道功能也大多偏向商业化。在该地区共选取了三条典型街道，分别为南锣鼓巷、黑芝麻胡同和北兵马司胡同（图3-19、表3-5）。

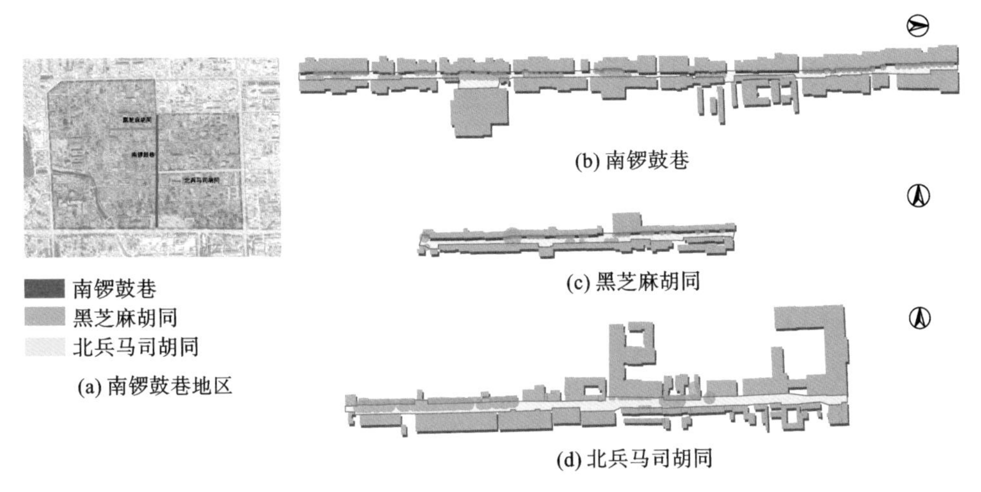

图3-19　南锣鼓巷地区主要街道平面图

表3-5　南锣鼓巷地区主要街道空间基本信息统计

序号	街道名称	街道类型	街道长度/m	建筑高度/m	街道宽度/m	街道高宽比	街道绿化覆盖率/（%）	街道植物
1	南锣鼓巷	商业街道	736	4.55	7.64	0.60	42.59	国槐、五角枫、白皮松、银杏、白玉兰
2	黑芝麻胡同	商住混合型街道	197	4.58	6.36	0.72	26.86	臭椿、丝棉木、构树、毛白杨、国槐
3	北兵马司胡同	商住混合型街道	454	6.71	7.93	0.85	27.00	国槐、加拿大杨、枫杨、臭椿、樟树、女贞、金银花、毛白杨、桑树、叉子圆柏、月季、大叶黄杨、小叶黄杨

从空间结构和功能定位上来说，南锣鼓巷不仅是片区内著名的商业街道，也是贯通南北的主要交通干线。经过2017年的更新，街道宽度拓宽至7.6 m，街道高宽比约为0.6，并且对地面铺装、树池等部分公共设施进行了改造，绿化覆盖率为42.59%，街道植物大多为国槐。改造时增加了北京特色文化店铺，使南锣鼓巷成

为历史文化、观光旅游和商业一体化的开放场所。

黑芝麻胡同和北兵马司胡同则为片区内典型的商住混合型街道，其中北兵马司胡同南邻中央戏剧学院，北邻中国航空工业总公司综合楼，建筑体量较大，街道高宽比较大，为0.85。黑芝麻胡同则为低矮平房，街道紧邻黑芝麻胡同小学，人流量大。两条街道绿化覆盖率较低，约为27%，但植物种类较为丰富。

5. 东四三条至八条地区主要街道空间分析

东四三条至八条地区以居住功能为主，混合一定比例的行政办公、商业文娱和医疗。区域内含文物保护单位、普查登记单位、有价值建筑等，建筑质量较好。建筑形态基本分为两类：院落建筑、沿街建筑。院落建筑是生活类空间场所，沿街建筑是商住混合店铺。东四三条至八条地区是老城区内典型的居住型街区，整体街道和建筑经过整治之后，品质较高。东四三条至八条地区共选取了三条典型居住型街道，分别为东四四条、南板桥胡同和东四六条（图3-20、表3-6）。

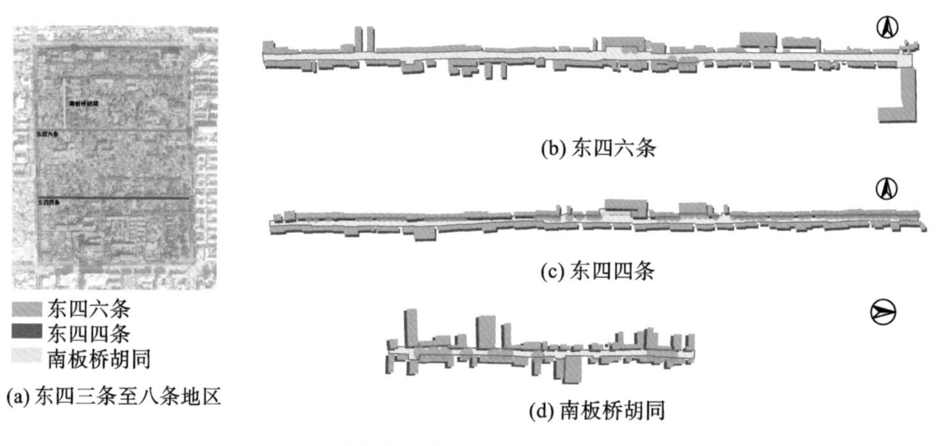

图3-20　东四三条至八条地区主要街道平面图

表3-6　东四三条至八条地区主要街道空间基本信息统计

序号	街道名称	街道类型	街道长度/m	建筑高度/m	街道宽度/m	街道高宽比	街道绿化覆盖率/(%)	街道植物
1	东四四条	居住型街道	726	5.07	7.87	0.64	41.48	松树、国槐
2	南板桥胡同	居住型街道	229	4.58	4.86	0.94	35.00	国槐、毛白杨
3	东四六条	居住型街道	716	5.54	9.80	0.57	4.00	国槐、臭椿

东四四条和东四六条为东西走向的胡同，这两条胡同均包含较为低矮的传统四合院建筑和老式居民楼，街道高宽比约为0.6。南板桥胡同南侧建筑低矮，北侧建筑较高，街道高宽比是三条街道之首，为0.94。东四四条和南板桥胡同均一侧种植高大乔木，绿化覆盖率较高，分别为41.5%和35%，而东四六条街道内基本无行道树，绿化覆盖率低至4%。

6. 阜成门内大街地区主要街道空间分析

阜成门内大街地区是以居住为主的历史街区，居住人口较多，现存建筑4000余幢，建筑密度较大，居住空间拥挤。白塔寺、历代帝王庙、广济寺沿阜成门内大街均匀分布。由于唐山大地震，原有的四合院外加建了许多抗震棚，建筑体量小，密度大，破坏了传统建筑的风貌和街巷格局。商业性质的建筑集中在宫门口东西岔、阜成门内北街和赵登禹路，主要是一些餐饮类和零售类的小商业店铺。近几年，通过北京国际设计周白塔寺再生计划，提出了“街区整治+院落更新+社区营造”的策略，力求打造一个有温度的生活街区，提升居民生活品质。阜成门内大街地区共选取了三条典型街道，分别为阜成门内北街、庆丰胡同和西四北头条（图3-21、表3-7）。

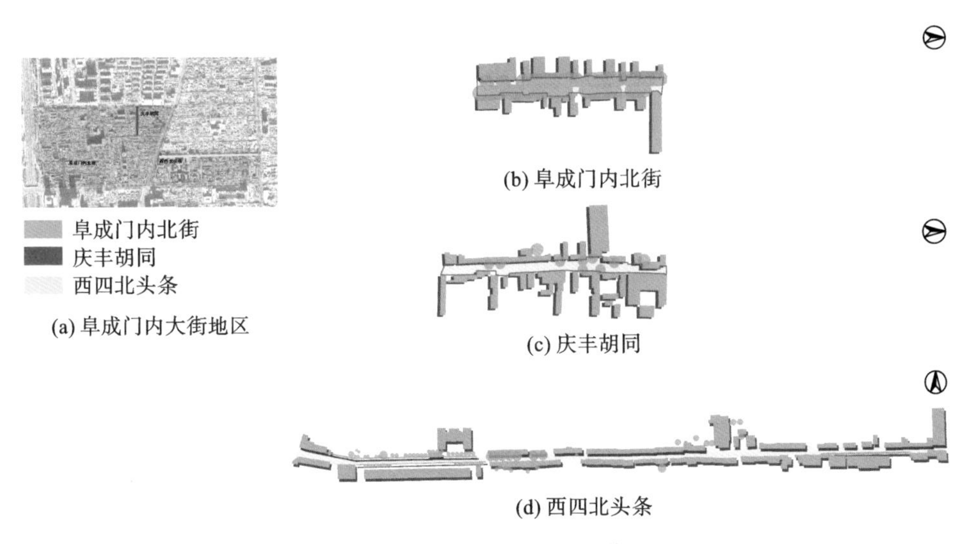

(a) 阜成门内大街地区

(b) 阜成门内北街

(c) 庆丰胡同

(d) 西四北头条

图3-21　阜成门内大街地区主要街道平面图

表 3-7　阜成门内大街地区主要街道空间基本信息统计

序号	街道名称	街道类型	街道长度/m	建筑高度/m	街道宽度/m	街道高宽比	街道绿化覆盖率/(%)	街道植物
1	阜成门内北街	商住混合型街道	159	4.50	8.00	0.56	91.30	国槐、大叶黄杨
2	庆丰胡同	居住型街道	174	4.63	7.77	0.60	17.45	香椿、杨树
3	西四北头条	居住型街道	607	5.43	5.64	0.96	7.10	圆柏、银杏、桧柏、国槐、刺槐、毛白杨、臭椿、桑树、榆树、枣树、白蜡

阜成门内北街属于商住混合型街道，街道两侧种植国槐，冠大荫浓，绿化覆盖率高达 91.3%，位于三条街道之首。 庆丰胡同和西四北头条属于居住型街道，其中西四北头条的街道高宽比较高，约为 1。 两条街道绿化覆盖率较低，分别为 17.5%和 7.1%，但是西四北头条植物种类较多，数量较少。

第三节　典型街道空间微气候环境实测与数值模拟验证

一、测量对象及选取依据

本书测量的历史街区街道涵盖了商业型历史街区街道、文化娱乐型历史街区街道和居住型历史街区街道。 在前期调研分析汇总的基础之上，分别挑选了杨梅竹斜街、前门大街、大栅栏商业街、煤市街选段、南锣鼓巷、黑芝麻胡同、北兵马司胡同、烟袋斜街、定阜街、西海南沿选段 1、西海南沿选段 2、法源寺前街、南半截胡同、东四四条、南板桥胡同、东四六条、阜成门内北街、庆丰胡同、西四北头条，共 19 条街道，进行微气候实地监测。

选取的街道长度范围为 200～850 m，宽度在 100 m 之内，涵盖了沿街两侧建筑，以及对街道内部微气候环境产生影响的建筑及场地。

二、北京老城历史街区主要街道微气候实测分析

1. 大栅栏地区主要街道微气候实测分析

测量时间为 2018 年 7 月 15 日，天气晴朗，气温为 25～32 ℃，风力为 2 级，风向为南风。

对大栅栏地区四条主要街道进行测量，每条街道设置 2 或 3 个测点，测点分布如表 3-8 所示。 杨梅竹斜街设置 3 个测点，采集有效数据 252 个；前门大街设置 3 个测点，采集有效数据 254 个；大栅栏商业街设置 2 个测点，采集有效数据 169 个；煤市街选段设置 3 个测点，采集有效数据 254 个。

表 3-8　大栅栏地区主要街道微气候监测点分布

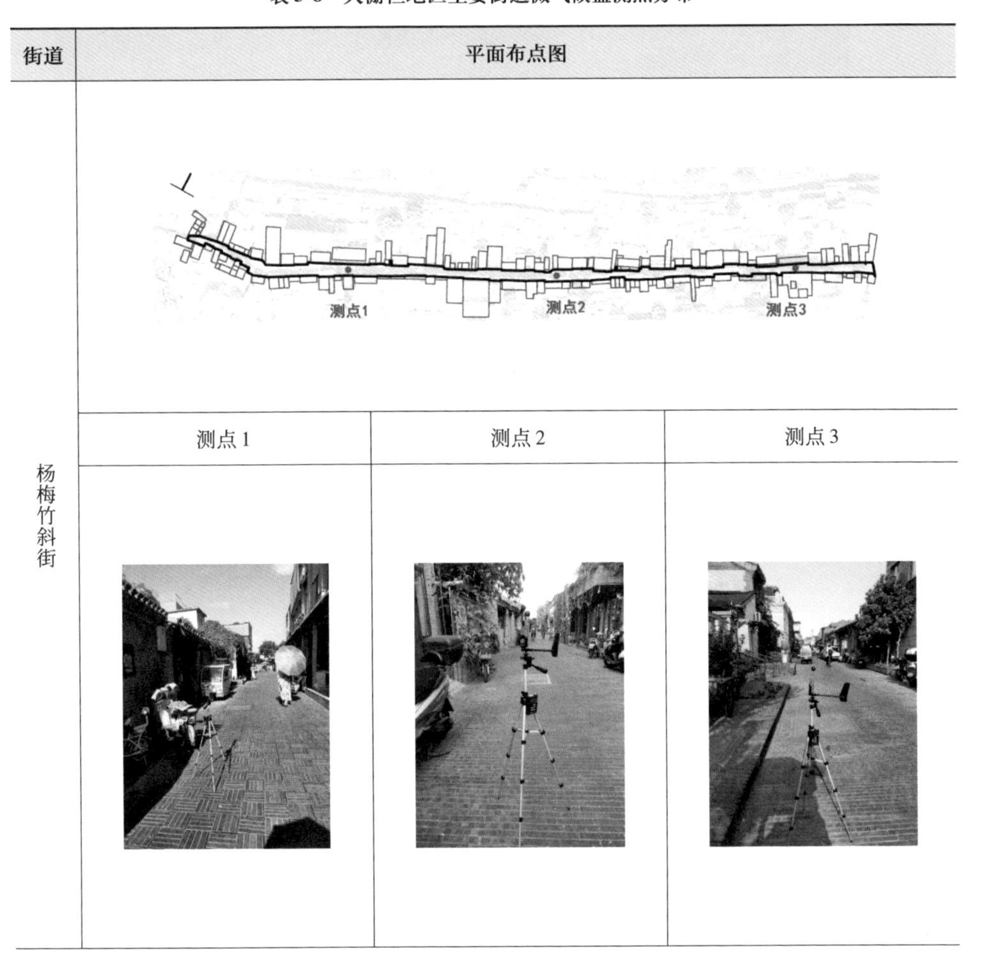

街道	平面布点图		
杨梅竹斜街	测点 1	测点 2	测点 3

续表

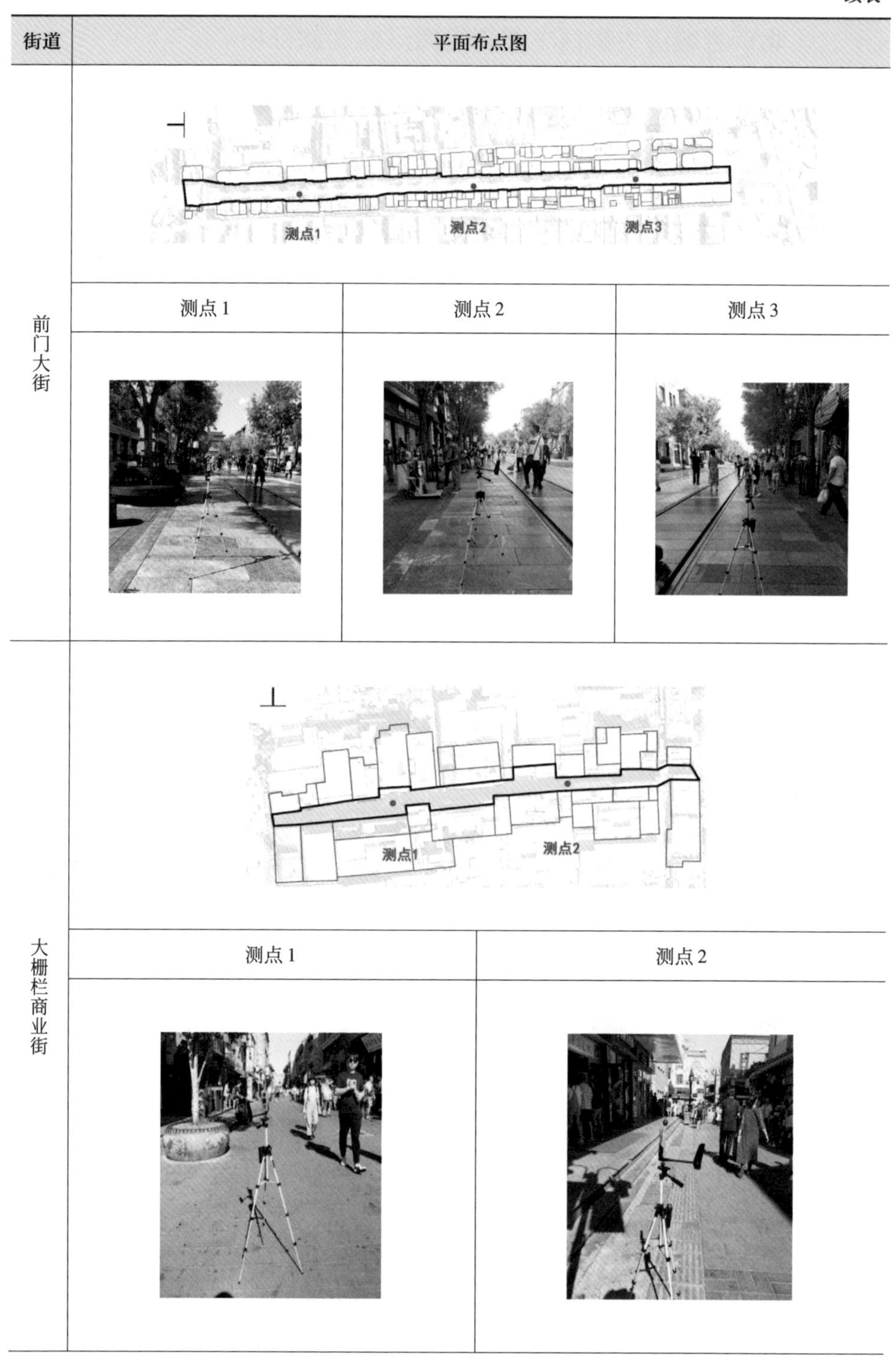

街道
平面布点图
前门大街
测点1
测点2
测点3
测点 1
测点 2
测点 3
大栅栏商业街
测点1
测点2
测点 1
测点 2

续表

<table>
<tr><th>街道</th><th colspan="3">平面布点图</th></tr>
<tr><td rowspan="3">煤市街选段</td><td colspan="3">
</td></tr>
<tr><td>测点 1</td><td>测点 2</td><td>测点 3</td></tr>
<tr><td></td><td></td><td></td></tr>
</table>

1）空气温度分析

四条街道的温度变化呈现出早间低、晚间高的趋势，并且温度大体逐渐升高（图 3-22）。温度最小值为 24.7～31.0 ℃，出现在 9：15—10：30；温度最大值为 37.0～40.2 ℃，出现在 14：50—16：00（表 3-9）。

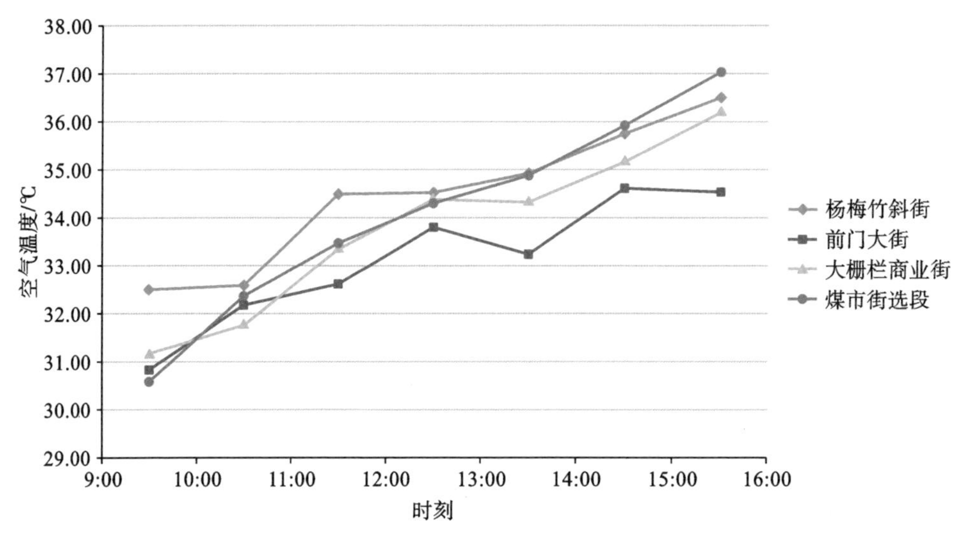

图 3-22　大栅栏地区主要街道空气温度折线图 *

表 3-9　大栅栏地区主要街道空气温度实测值分析

街道	最小值/℃	最小值出现时刻	最大值/℃	最大值出现时刻	极差/℃	平均值/℃	标准差/℃	方差
杨梅竹斜街	30.90	9：38	39.40	15：10	8.50	34.60	1.54	2.37
前门大街	28.90	9：15	37.00	14：53	8.10	33.12	1.51	2.28
大栅栏商业街	29.20	9：44	39.40	15：38	10.20	34.10	1.87	3.50
煤市街选段	24.70	10：23	40.20	15：52	15.50	34.00	2.35	5.52

对比整体平均值发现，杨梅竹斜街平均温度最高，为 34.60 ℃。前门大街平均温度最低，为 33.12 ℃，比其他三条街道的温度低约 1 ℃，主要是由于前门大街的绿化程度较高，减缓了温度的上升。

由表 3-9 可知，煤市街选段的极差最大，约为 15.50 ℃，其方差值也位于四条街道之首，为 5.52。相对于其他街道，煤市街选段在温度上升的过程中波动较大，主要是由于煤市街选段为单行机动车道，街道高宽比较低，整体街道比较开阔，且车流量较大，机动车散发热量较高并停留在街道内部，导致温度峰值较高，达到了 40.20 ℃。

* 图 3-22 至图 3-45 中各点数据为每小时平均值。

2）相对湿度分析

在微气候实测当天，四条街道的相对湿度最大值为45%～54%，出现时间为9：00—9：30；最小值为15%～23%，出现时间在15：00前后，整体湿度变化呈现早高晚低的特点，与温度变化趋势相反。其中在12：00—14：00内，湿度开始了一段回升期，12：00左右湿度开始回升，在14：00左右直至16：00，湿度呈现下降趋势（图3-23）。

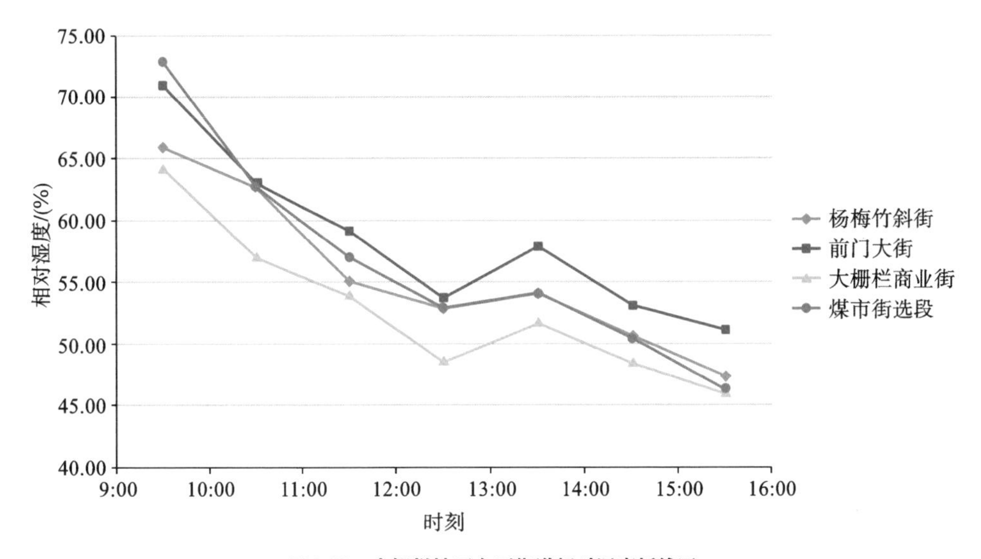

图3-23　大栅栏地区主要街道相对湿度折线图

通过计算整体平均值发现，前门大街相对湿度最高，为33.50%，大栅栏商业街相对湿度最低，为27.87%，高出5.63个百分点。对比街道现状发现，前门大街绿化覆盖率比大栅栏商业街高出约22个百分点，可见绿化在街道内部的增湿方面起到了很大作用。

由表3-10可知，杨梅竹斜街的方差最小，为34.46，其次是大栅栏商业街，为43.56，相对湿度的波动较小。主要是由于这两条街道的高宽比较大，均为1左右，阴影区域较大，形成了低温区域，从而减缓了空气中水分的蒸发，达到了保湿效果。

表3-10　大栅栏地区主要街道相对湿度实测值分析

街道	最小值/（%）	最小值出现时刻	最大值/（%）	最大值出现时刻	极差/（%）	平均值/（%）	标准差/（%）	方差
杨梅竹斜街	17.30	15：10	45.25	9：25	27.95	29.88	5.87	34.46

续表

街道	最小值/（%）	最小值出现时刻	最大值/（%）	最大值出现时刻	极差/（%）	平均值/（%）	标准差/（%）	方差
前门大街	22.80	14：57	53.10	9：15	30.30	33.50	6.98	48.72
大栅栏商业街	16.50	15：13	49.70	9：00	33.20	27.87	6.60	43.56
煤市街选段	15.90	15：54	54.00	9：09	38.10	31.73	8.68	75.34

3）风速分析

由风速数据可以看出，四条街道的风速变化趋势差异较大。11：00左右，街道风速开始产生波动，直至14：00左右，杨梅竹斜街和前门大街出现平稳减缓趋势，而大栅栏商业街和煤市街选段出现上升趋势（图3-24）。

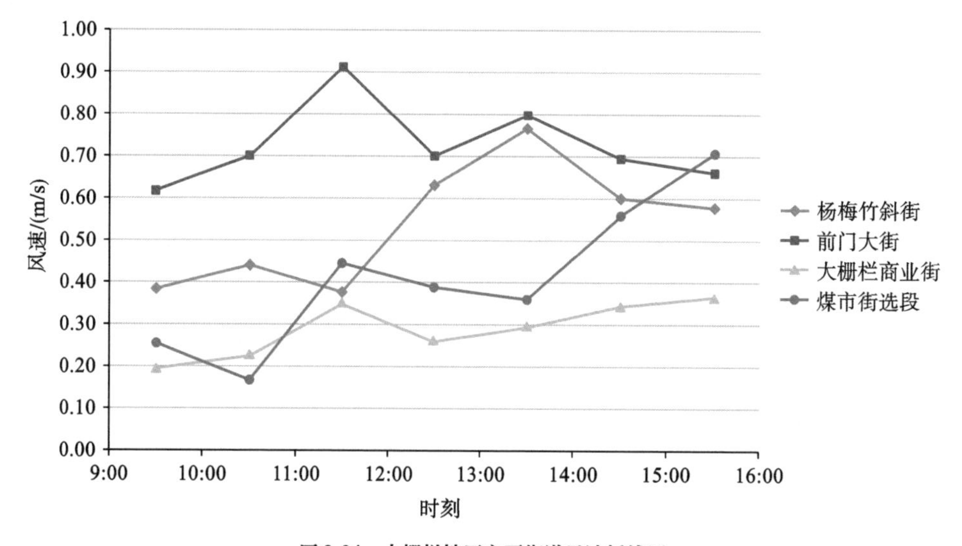

图3-24　大栅栏地区主要街道风速折线图

对比全天风速的平均值和方差（表3-11）发现，前门大街全天风速平均值最高，为0.69 m/s，主要是由于前门大街整体街道走向为南北方向，与当天的南风呈平行关系，加速了风的穿行。大栅栏商业街方差最低，为0.14，整体风速较为平稳，并且全天风速平均值也最低，为0.26 m/s。大栅栏商业街呈东西走向，与当天的风向呈垂直关系，两侧建筑较高，阻挡了气流进入街道内部，风速相对较低。

表 3-11　大栅栏地区主要街道风速实测值分析

街道	最小值 /（m/s）	最大值 /（m/s）	最大值出现时刻	平均值 /（m/s）	标准差 /（m/s）	方差
杨梅竹斜街	0.00	2.90	13：08	0.55	0.56	0.31
前门大街	0.00	3.50	14：02	0.69	0.59	0.35
大栅栏商业街	0.00	2.10	14：04	0.26	0.37	0.14
煤市街选段	0.00	2.70	14：08	0.40	0.56	0.31

4）太阳辐射分析

从整体趋势看，街道的太阳辐射受当天的云量状况和建筑阴影影响，所以波动幅度较大（图 3-25）。

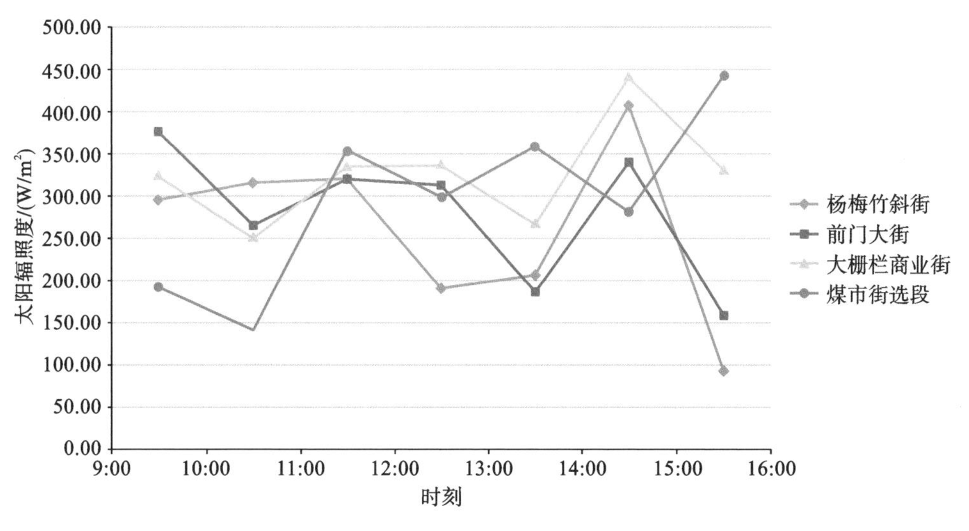

图 3-25　大栅栏地区主要街道太阳辐射折线图

由表 3-12 可知，杨梅竹斜街的太阳辐照度平均值最小，约为 258.51 W/m^2。依据对前期街道形态的分析，杨梅竹斜街街道高宽比较大，约为 1，形成了较大范围的阴影区，降低了街道内部空间对太阳辐射的接收量。

表 3-12　大栅栏地区主要街道太阳辐照度实测值分析

街道	最小值 /（W/m²）	最小值出现时刻	最大值 /（W/m²）	最大值出现时刻	极差 /（W/m²）	平均值 /（W/m²）	标准差 /（W/m²）	方差
杨梅竹斜街	12.80	9：44	650.70	10：12	637.90	258.51	175.39	30761.65
前门大街	13.20	10：38	643.90	11：02	630.70	295.93	174.45	30432.80
大栅栏商业街	21.10	10：55	633.10	14：23	612.00	349.68	164.22	26968.21
煤市街选段	30.20	9：03	734.20	13：12	704.00	260.78	177.71	31580.84

通过计算街道的方差可以发现，大栅栏商业街的方差最小，为 26968.21，整体趋势较为平缓，主要是由于大栅栏商业街建筑高度较为平均，产生的建筑阴影区域均匀分布在街道单侧，所以波动幅度较小。

2. 南锣鼓巷地区主要街道微气候实测分析

测量时间为 2018 年 6 月 10 日，天气晴朗，气温为 17～27 ℃，风力 2 级，风向为南风。

对南锣鼓巷地区三条主要街道进行测量，每条街道设置 2 或 3 个测点，测点分布如表 3-13 所示。南锣鼓巷设置 3 个测点，采集有效数据 261 个；黑芝麻胡同设置 2 个测点，采集有效数据 170 个；北兵马司胡同设置 3 个测点，采集有效数据 256 个。

表 3-13　南锣鼓巷地区主要街道微气候监测点分布

街道	平面布点图
南锣鼓巷	测点1 测点2 测点3

续表

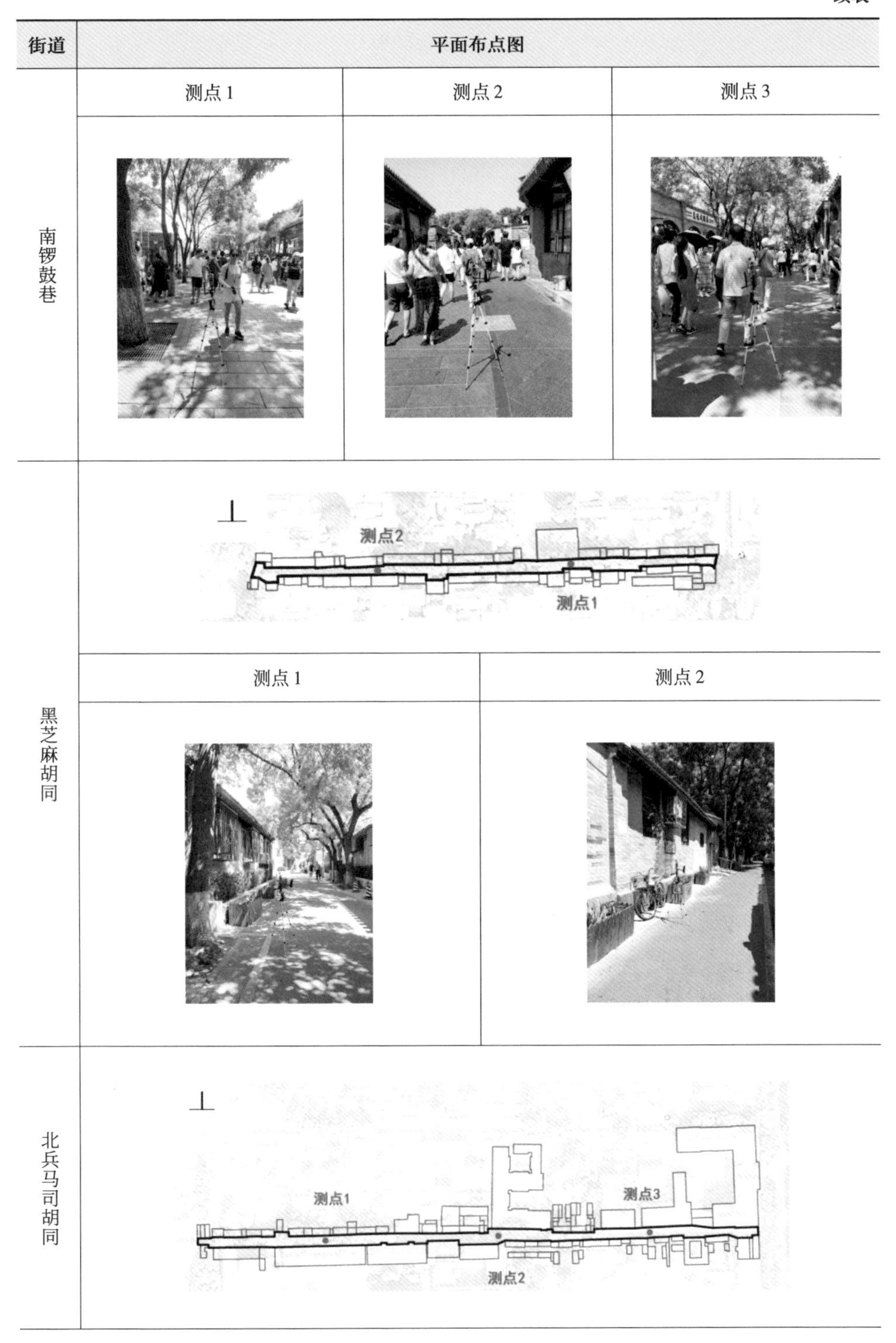
街道
平面布点图
南锣鼓巷
测点 1
测点 2
测点 3
黑芝麻胡同
测点2
测点1
测点 1
测点 2
北兵马司胡同
测点1
测点3
测点2

续表

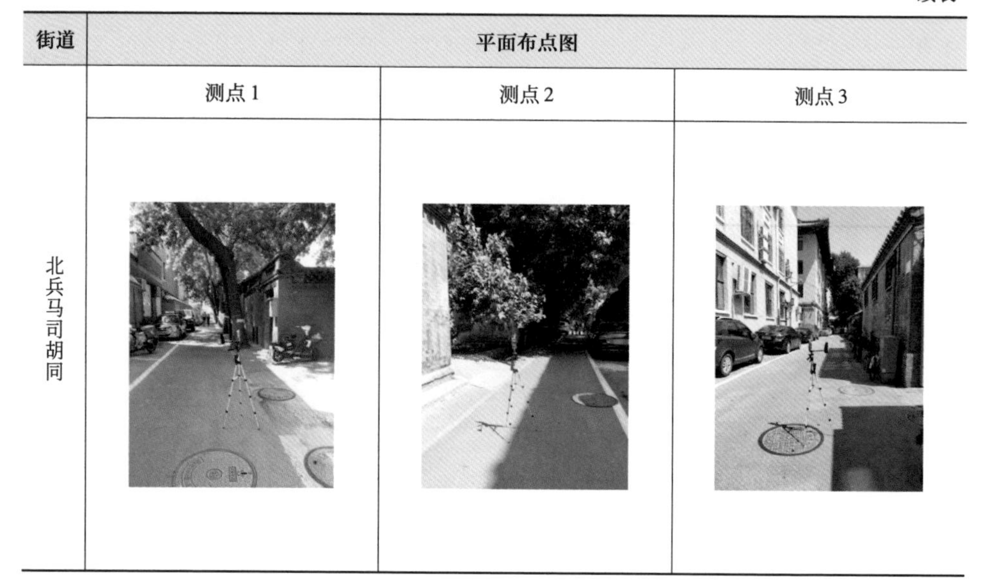

街道	平面布点图		
	测点 1	测点 2	测点 3
北兵马司胡同			

1）空气温度分析

三条街道的温度大体呈逐渐升高趋势，其中黑芝麻胡同在 12：00 左右开始下降，温度降低了0.5 ℃左右，下降趋势持续到14：00 左右，然后继续升高。 三条街道的温度最小值为 22.1～22.6 ℃，出现在 9：00 左右；温度最大值为 30.2～35.7 ℃，出现在 14：57—15：36（图 3-26）。

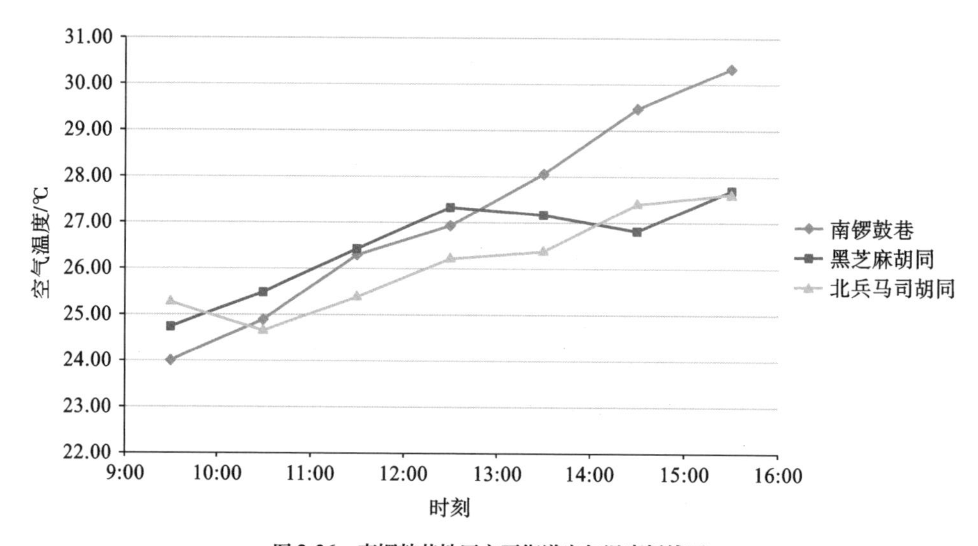

图 3-26　南锣鼓巷地区主要街道空气温度折线图

由表 3-14 可知，南锣鼓巷平均温度最高，为 27.08 ℃，黑芝麻胡同和北兵马司胡同平均值较低，分别为 26.07 ℃和 26.13 ℃。三条街道内部均种植较为高大的乔木，遮阳效果较好。黑芝麻胡同和北兵马司胡同均为东西走向，且高宽比较高，形成的阴影区域较大；而南锣鼓巷则为南北走向，高宽比较低，阴影区域较小。由此可见，相比于绿化产生的遮阳效果，建筑围合产生的阴影区域可以更为有效地降低周边环境的温度。

表 3-14　南锣鼓巷地区主要街道空气温度实测值分析

街道	最小值/℃	最小值出现时刻	最大值/℃	最大值出现时刻	极差/℃	平均值/℃	标准差/℃	方差
南锣鼓巷	22.50	9：02	35.70	15：36	13.20	27.08	2.77	7.67
黑芝麻胡同	22.10	9：03	30.20	14：58	8.10	26.07	1.58	2.50
北兵马司胡同	22.60	9：11	31.60	14：57	9.00	26.13	1.63	2.66

南锣鼓巷的极差值最大，约为 13.20 ℃，其方差也位于三条街道之首，为 7.67；黑芝麻胡同和北兵马司胡同的方差较小，分别为 2.50 和 2.66。建筑产生的阴影区域对减缓温度的上升也起到了一定作用。

2）相对湿度分析

在测量当日，三条街道的相对湿度整体呈下降趋势。在 9：00—13：00 时段，南锣鼓巷和黑芝麻胡同的相对湿度逐渐降低，在 13：00 之后出现了分歧，南锣鼓巷持续下降，而黑芝麻胡同的相对湿度开始回升，截至 14：00 左右，回升了 1.54 个百分点，相对湿度达到 44.77%，而后继续下降。北兵马司胡同的相对湿度趋势与其他两条街道相差较大，从早晨开始呈上升趋势，在 11：00 左右达到峰值，而后开始下降，12：00 左右开始回升，并在 14：00 左右达到第二个峰值，后期又持续下降（图 3-27）。

由表 3-15 可知，南锣鼓巷相对湿度的平均值最低，为 43.98%，且方差最大，为 29.38。可以看出，南锣鼓巷的湿度波动较大，不利于保湿，主要是阴影区域较小，接收的太阳辐射较多，加快了空气中水蒸气的蒸发。

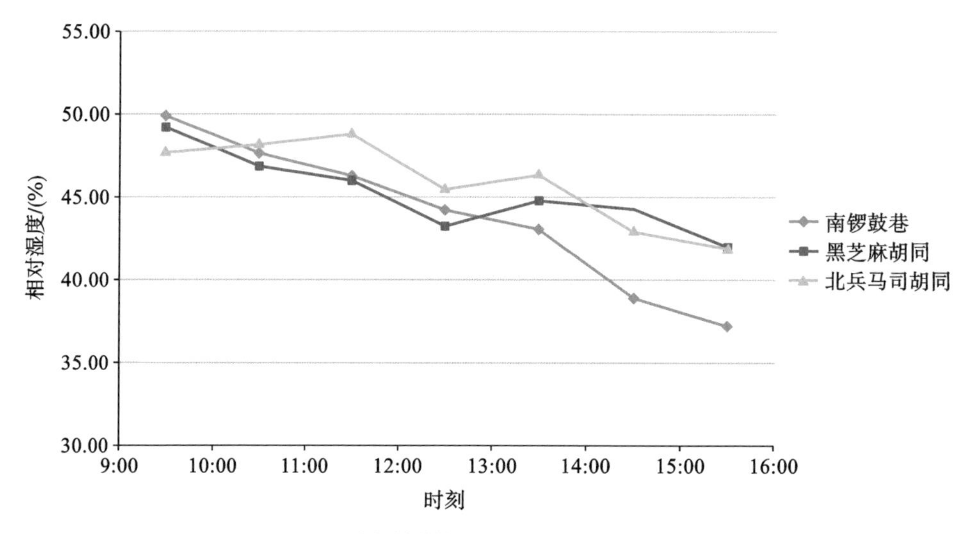

图 3-27　南锣鼓巷地区主要街道相对湿度折线图

表 3-15　南锣鼓巷地区主要街道相对湿度实测值分析

街道	最小值/（%）	最小值出现时刻	最大值/（%）	最大值出现时刻	极差/（%）	平均值/（%）	标准差/（%）	方差
南锣鼓巷	28.70	15：32	55.10	9：04	26.40	43.98	5.42	29.38
黑芝麻胡同	39.50	15：21	56.60	9：03	17.10	45.89	3.33	11.09
北兵马司胡同	36.50	14：57	54.30	11：13	17.80	45.85	3.59	12.89

3）风速分析

在对比全天风速平均值的变化曲线（图 3-28）后发现，三条街道的风速变化差异较大，并无明显特点。由表 3-16 可知，南锣鼓巷的方差最小，为 0.13，可见风速波动最小，风环境较为稳定。北兵马司胡同的平均风速最大，为 0.43 m/s；黑芝麻胡同次之，为 0.42 m/s；南锣鼓巷最小，为 0.23 m/s。这可能是由于北兵马司胡同临近中央戏剧学院，建筑物较高，街道高宽比较大，为 0.85，风进入狭窄的街道时，加快了通行速度，导致北兵马司胡同的瞬时风速也较大，为 3.3 m/s。

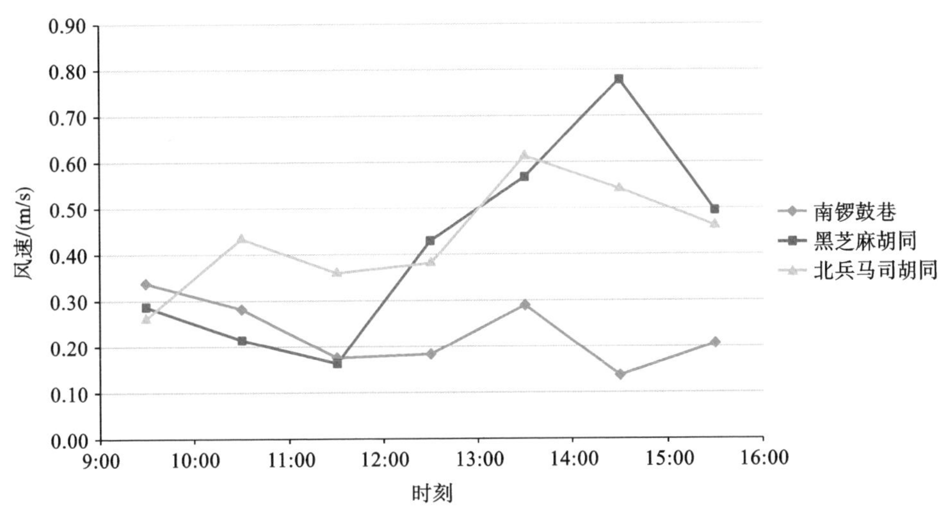

图 3-28　南锣鼓巷地区主要街道风速折线图

表 3-16　南锣鼓巷地区主要街道风速实测值分析

街道	最小值/(m/s)	最大值/(m/s)	最大值出现时刻	平均值/(m/s)	标准差/(m/s)	方差
南锣鼓巷	0.00	2.80	9：34	0.23	0.36	0.13
黑芝麻胡同	0.00	3.10	13：54	0.42	0.57	0.32
北兵马司胡同	0.00	3.30	14：58	0.43	0.56	0.31

4）太阳辐射分析

由太阳辐射数据的变化曲线（图 3-29）可以看出，南锣鼓巷和北兵马司胡同全天的波动较为平缓。而黑芝麻胡同在 12：00—13：00 期间太阳辐照度上升很快，并在 13：00 左右达到峰值，而后在一个小时内又快速下降，之后趋于平缓。

由表 3-17 可知，南锣鼓巷太阳辐照度平均值和方差都较小，分别为 97.88 W/m^2 和 9866.45，南锣鼓巷街道内部接收的辐射量较小，而且辐射环境比较稳定。这主要是由于街道内部的乔木冠大荫浓，有效地遮挡和反射了部分太阳辐射。

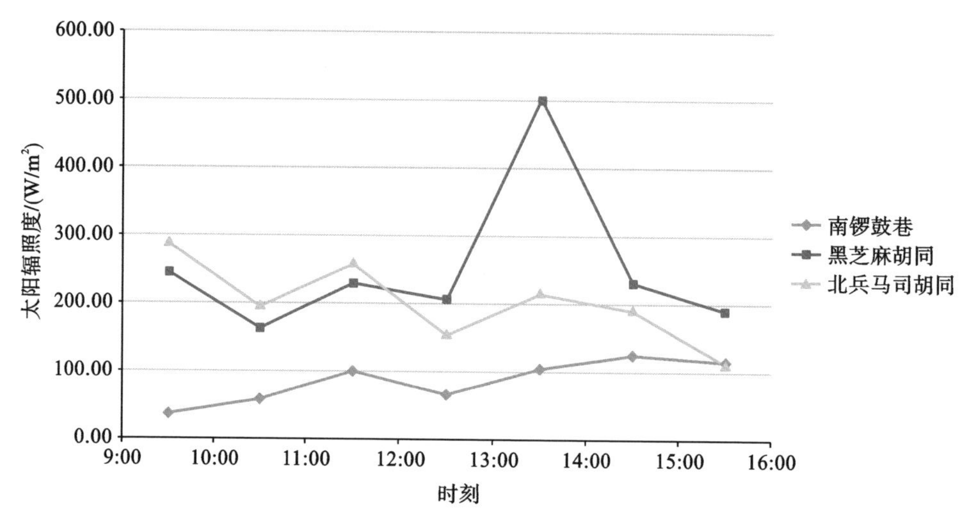

图 3-29　南锣鼓巷地区主要街道太阳辐射折线图

表 3-17　南锣鼓巷地区主要街道太阳辐照度实测值分析

街道	最小值/(W/m²)	最小值出现时刻	最大值/(W/m²)	最大值出现时刻	极差/(W/m²)	平均值/(W/m²)	标准差/(W/m²)	方差
南锣鼓巷	16.80	9：58	652.20	10：05	635.40	97.88	99.33	9866.45
黑芝麻胡同	18.00	13：58	920.60	9：42	902.60	252.55	273.02	74539.92
北兵马司胡同	20.30	13：03	872.60	11：41	852.30	202.01	261.78	68528.77

3. 什刹海地区主要街道微气候实测分析

测量时间为2018年7月7日，天气晴朗，气温为23～35 ℃，风力2级，风向为东风。

对什刹海地区四条主要街道进行测量，每条街道设置2或3个测点，测点分布如表3-18所示。烟袋斜街设置2个测点，采集有效数据169个；定阜街设置3个测点，采集有效数据261个；西海南沿选段1设置3个测点，采集有效数据257个；西海南沿选段2设置3个测点，采集有效数据254个。

表 3-18　什刹海地区主要街道微气候监测点分布

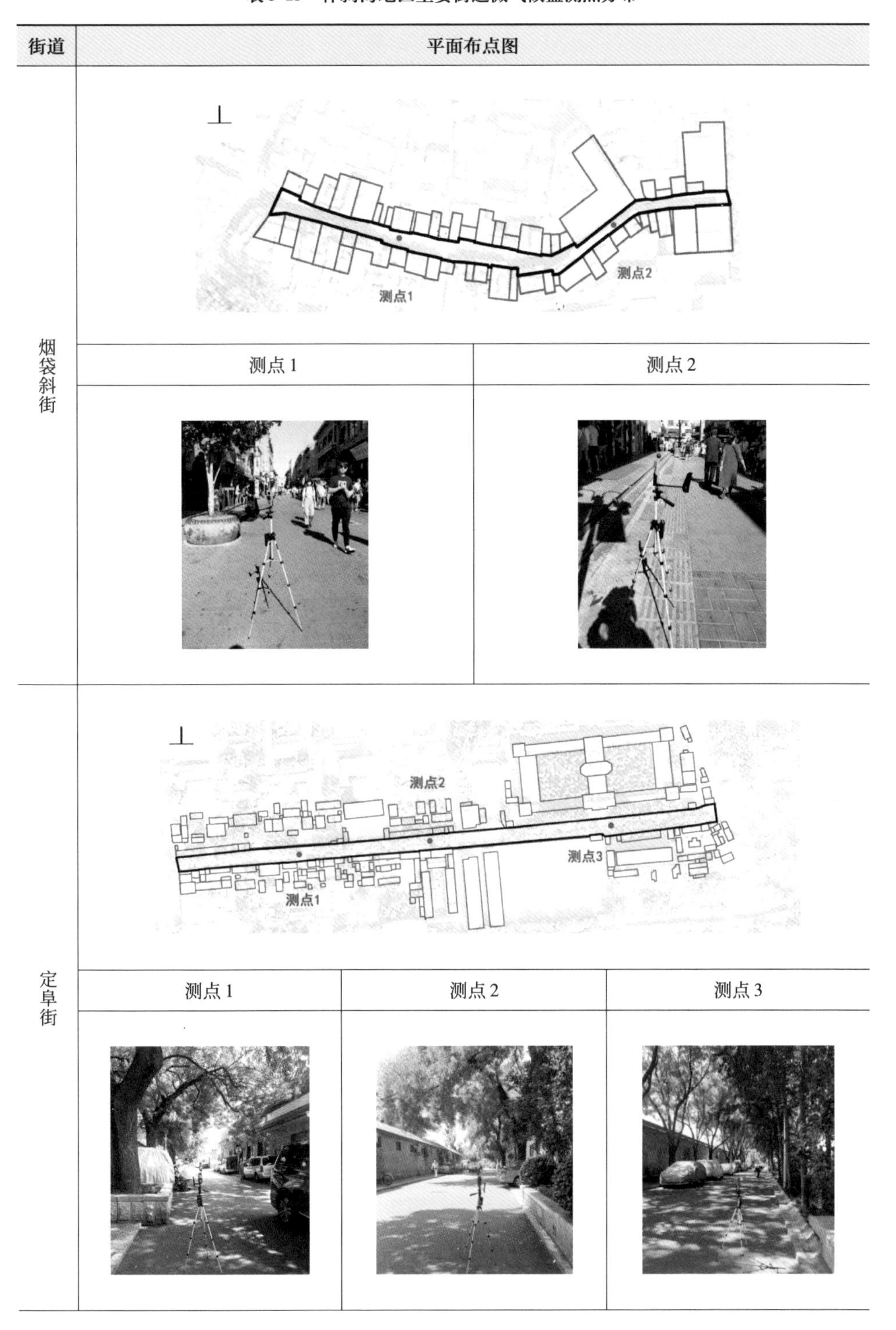

续表

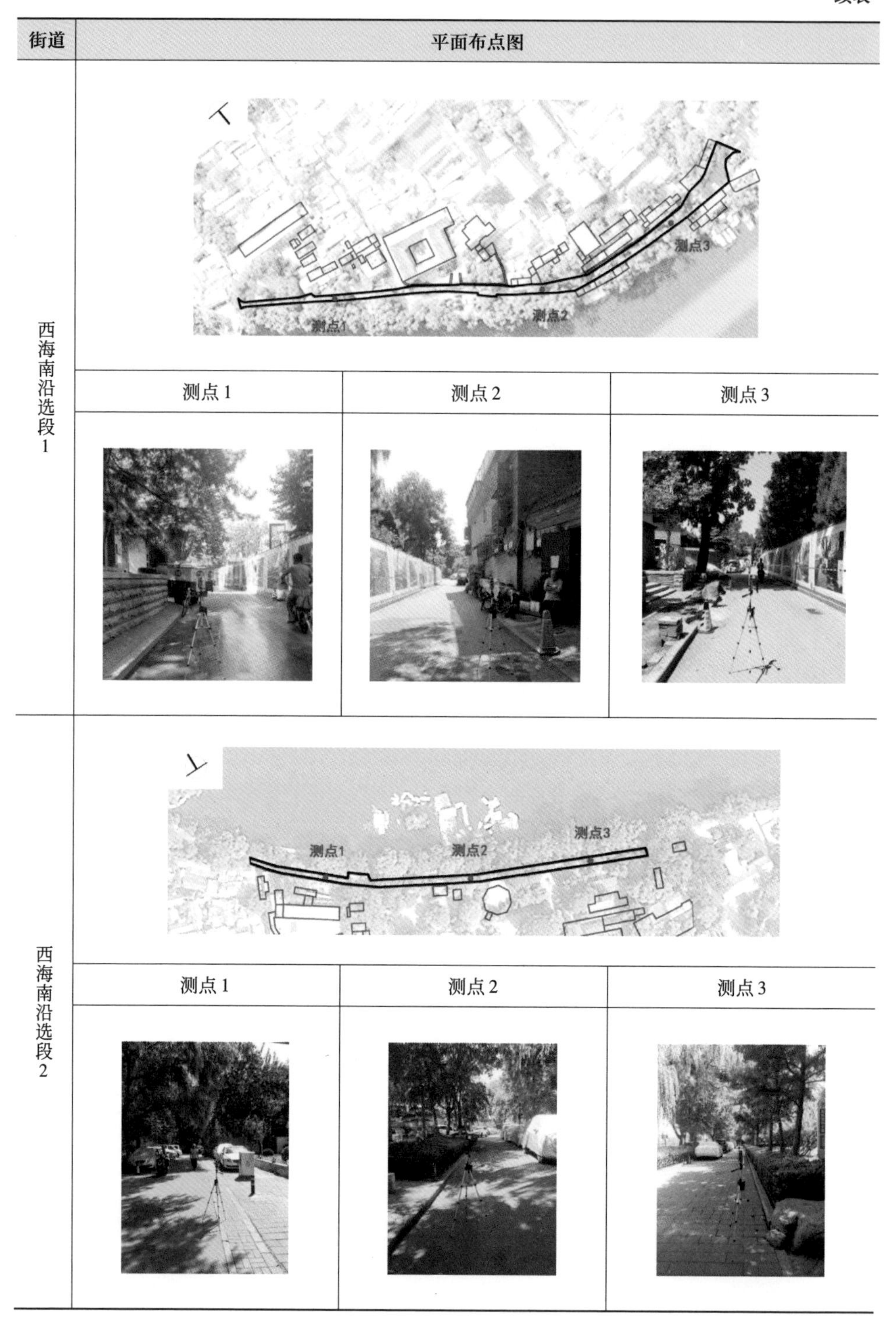
街道
平面布点图
西海南沿选段1
测点1
测点2
测点3
测点1
测点2
测点3
西海南沿选段2
测点1
测点2
测点3
测点1
测点2
测点3

1）空气温度分析

通过观测四条街道的温度整体走向（图 3-30）可以看出，烟袋斜街和定阜街的趋势比较相似，在 9：00—15：00 期间均为上升期，之后开始下降。 但是，西海南沿选段 1 和选段 2 则差异较大，且每小时的平均值大多低于其他两条街道。

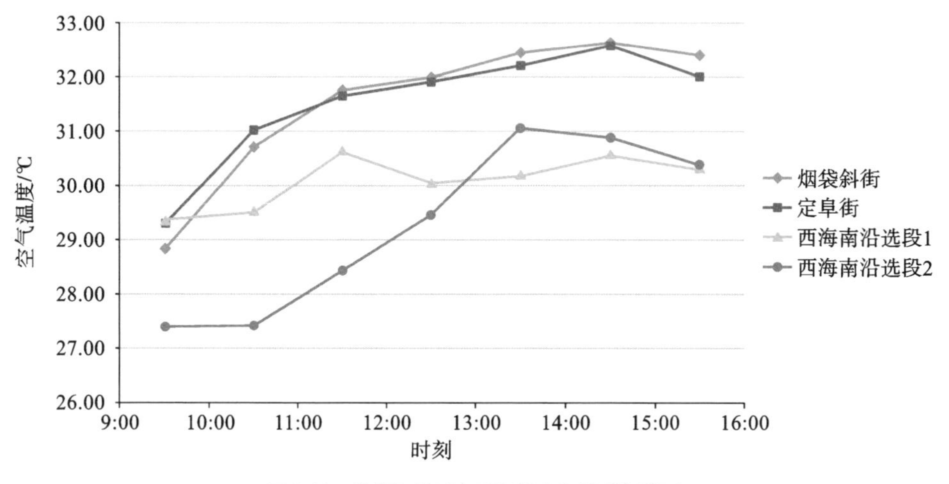

图 3-30　什刹海地区主要街道空气温度折线图

由表 3-19 可知，烟袋斜街和定阜街的平均温度较高，分别为 31.51 ℃和 31.52 ℃；西海南沿选段 1 和选段 2 的平均温度较低，分别为 30.08 ℃和 29.24 ℃。 根据现状调研发现，在空间分布上，西海南沿选段 1 和选段 2 街道单侧临水，剩余两条则不然。 临水街道的整体温度较低，可能是由于单侧临水空间较为开放，有利于街道内部空间的散热。

表 3-19　什刹海地区主要街道空气温度实测值分析

街道	最小值/℃	最小值出现时刻	最大值/℃	最大值出现时刻	极差/℃	平均值/℃	标准差/℃	方差
烟袋斜街	28.10	9：34	34.40	15：33	6.30	31.51	1.39	1.93
定阜街	28.40	9：43	33.40	14：18	5.00	31.52	1.14	1.30
西海南沿选段 1	28.40	10：13	33.40	11：04	5.00	30.08	0.76	0.58
西海南沿选段 2	26.70	9：40	31.90	14：12	5.20	29.24	1.53	2.34

2）相对湿度分析

实测当天，烟袋斜街、定阜街和西海南沿选段 1 的整体趋势相似（图 3-31），在 9：00—11：00 期间相对湿度上升，而后开始下降，15：00 左右开始回升直至结束。而西海南沿选段 2 与上述三条街道的差异较大，10：00 左右湿度开始上升，直至 11：00 左右达到峰值，而后开始下降，在 14：00 左右达到谷值，继而开始回升。

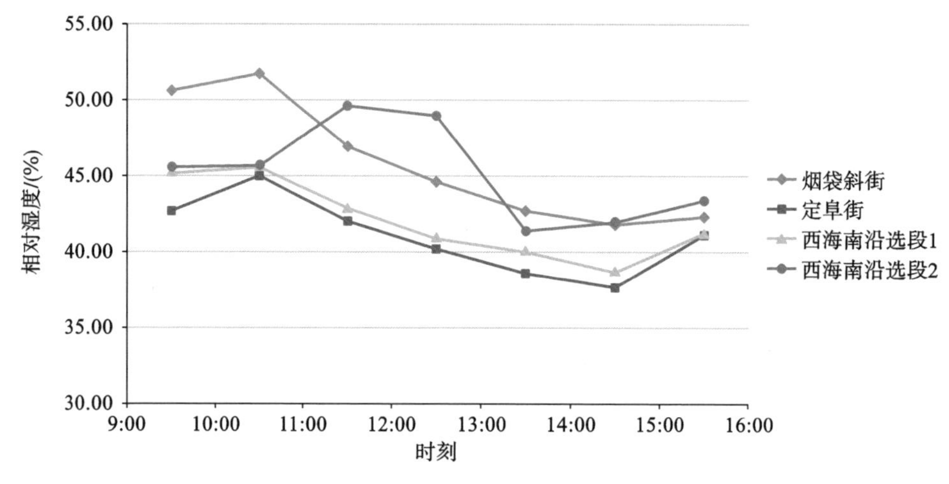

图 3-31　什刹海地区主要街道相对湿度折线图

由表 3-20 可知，烟袋斜街和西海南沿选段 2 的相对湿度较高，分别为 46.45% 和 45.60%；定阜街的湿度最低，为 41.02%，其方差也最小，为 8.35，说明相对湿度的波动幅度较小。

表 3-20　什刹海地区主要街道相对湿度实测值分析

街道	最小值 /（%）	最小值出现时刻	最大值 /（%）	最大值出现时刻	极差 /（%）	平均值 /（%）	标准差 /（%）	方差
烟袋斜街	39.30	14：43	55.80	10：19	16.50	46.45	3.69	13.62
定阜街	35.40	14：39	48.50	9：52	13.10	41.02	2.89	8.35
西海南沿选段 1	37.00	13：56	65.50	15：22	28.50	42.55	4.15	17.22
西海南沿选段 2	37.50	13：18	56.00	12：22	18.50	45.60	4.11	16.89

3）风速分析

通过分析风速变化曲线（图 3-32）可以看出，四条街道的风速波动差异较大，并无明显特征，进而计算全天风速均值和方差。在方差和均值方面均有定阜街>烟袋斜街>西海南沿选段 1>西海南沿选段 2（表 3-21）。西海南沿选段 1 和选段 2 虽然属于滨水街道，但是街道两侧的植物较为茂盛，灌木较多，形成了类似围墙的功能，阻挡水面上的气流进入街道内部。

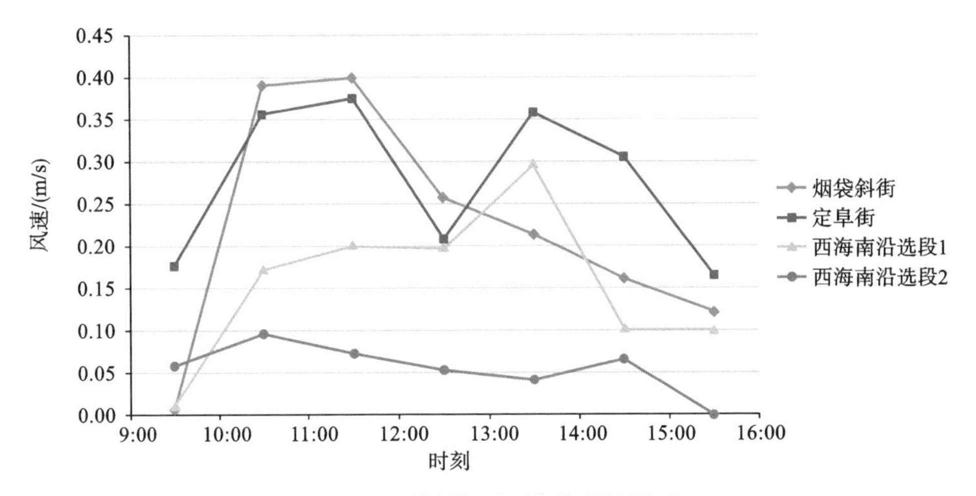

图 3-32　什刹海地区主要街道风速折线图

表 3-21　什刹海地区主要街道风速实测值分析

街道	最小值/（m/s）	最大值/（m/s）	最大值出现时刻	平均值/（m/s）	标准差/（m/s）	方差
烟袋斜街	0.00	2.60	12：18	0.23	0.38	0.14
定阜街	0.00	2.70	13：21	0.28	0.42	0.18
西海南沿选段 1	0.00	2.20	13：43	0.15	0.32	0.10
西海南沿选段 2	0.00	1.80	14：19	0.06	0.25	0.06

4）太阳辐射分析

通过观测太阳辐射数据曲线（图 3-33）可以看出，四条街道的辐射变化差异较大。

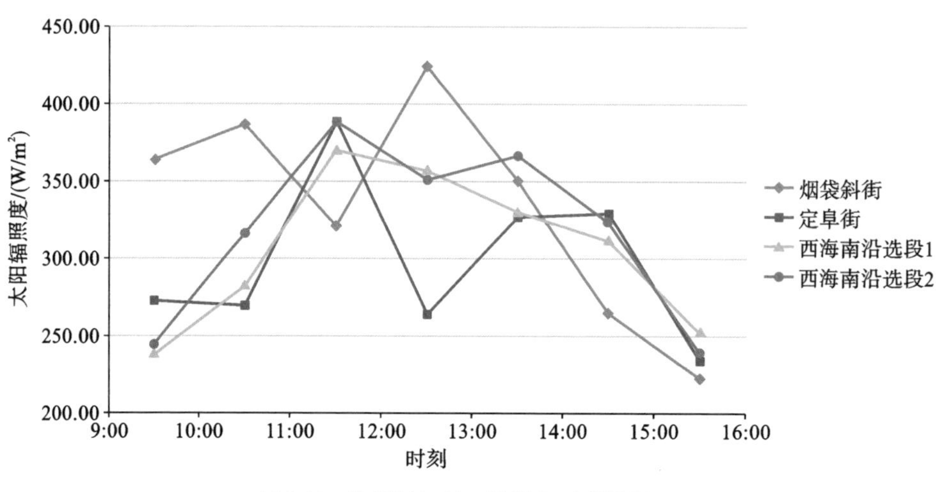

图 3-33　什刹海地区主要街道太阳辐射折线图

由表 3-22 可知，太阳辐射平均值存在以下关系：烟袋斜街>西海南沿选段 2>西海南沿选段 1>定阜街。根据前期对现场的调研可以总结出，街道的绿化覆盖率和太阳辐照度呈反向关系，即街道内部绿化覆盖率越高，其太阳辐照度越小。

表 3-22　什刹海地区主要街道太阳辐照度实测值分析

街道	最小值/（W/m^2）	最小值出现时刻	最大值/（W/m^2）	最大值出现时刻	极差/（W/m^2）	平均值/（W/m^2）	标准差/（W/m^2）	方差
烟袋斜街	34.80	9：18	648.00	10：17	613.20	140.62	93.24	8693.70
定阜街	44.40	10：49	464.70	13：17	420.30	106.63	116.52	13576.91
西海南沿选段 1	21.60	9：22	394.80	13：53	373.20	108.57	82.67	6834.33
西海南沿选段 2	11.70	9：27	414.90	11：14	403.20	123.77	79.20	6272.64

4. 法源寺地区主要街道微气候实测分析

测量时间为 2018 年 6 月 29 日，天气晴朗，气温为 25～38 ℃，风力 2 级，风向为南风。

对法源寺地区两条主要街道进行测量，测点分布如表3-23所示。法源寺前街设置3个测点，采集有效数据263个；南半截胡同设置3个测点，采集有效数据256个。

表3-23　法源寺地区主要街道微气候监测点分布

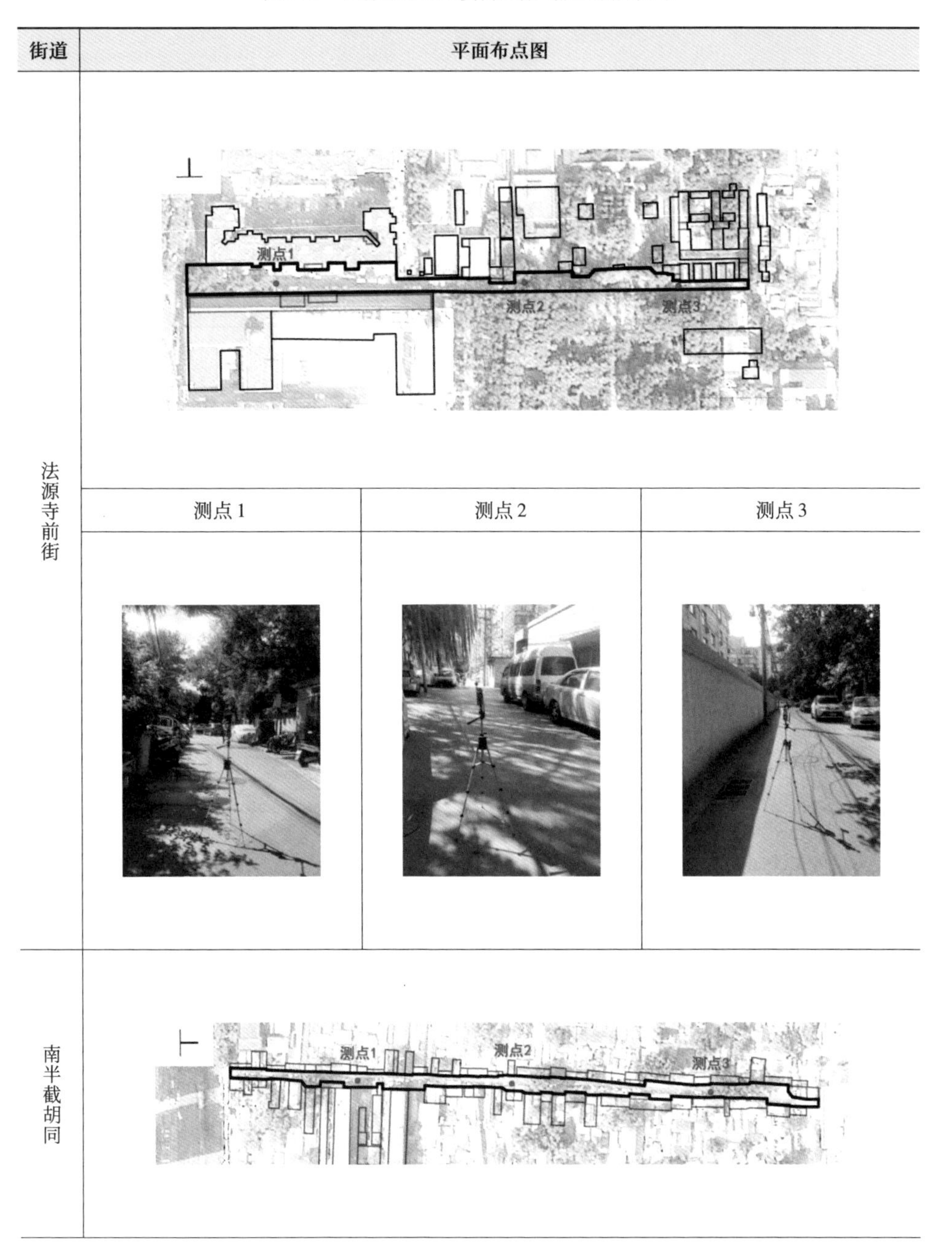

街道	平面布点图		
法源寺前街			
	测点1	测点2	测点3
南半截胡同			

续表

街道	平面布点图		
南半截胡同	测点 1	测点 2	测点 3

1）空气温度分析

由图 3-34 可以看出，两条街道的空气温度特点均为早晚低，中间高。法源寺前街和南半截胡同的空气温度最大值分别为 42.6 ℃和 44.7 ℃，出现在 12：16 和 13：32；最小值均为 32.1 ℃，出现在 9：34 和 9：03。南半截胡同的起始温度较低，平均低近 1 ℃，但是后期升温速度快。

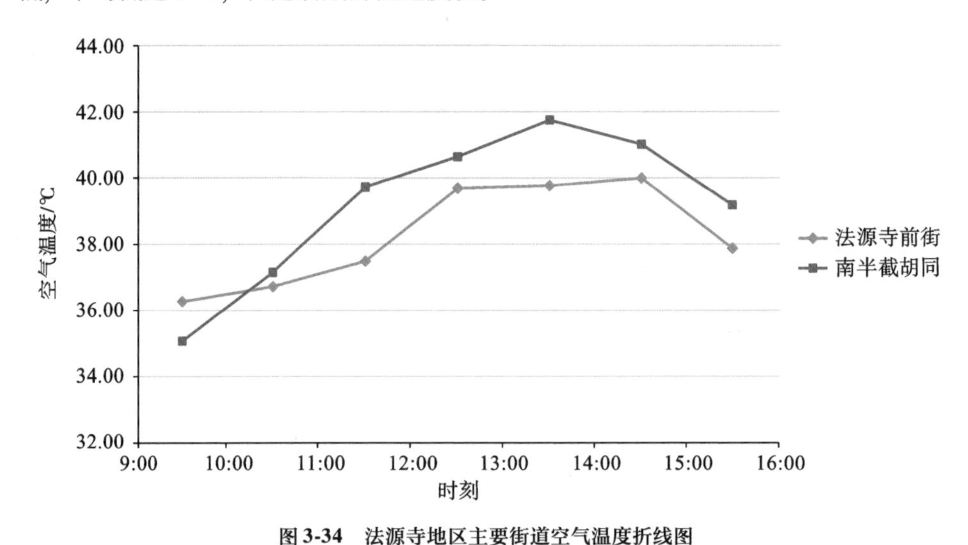

图 3-34　法源寺地区主要街道空气温度折线图

由表 3-24 可知，法源寺前街的平均温度比南半截胡同低 0.93 ℃。从方差来看，南半截胡同的方差大，为 6.71，说明离散程度较高，温度的波动幅度大。根据两条街道的现状调研，法源寺前街的绿化覆盖率较大，为 20.57%，在街道南侧还存在一片开放绿地，而南半截胡同的绿化状况较差，不能提供大面积的绿化遮蔽区。由此可以看出，绿化在缓解温度升高方面产生了一定作用。

表 3-24　法源寺地区主要街道空气温度实测值分析

街道	最小值/℃	最小值出现时刻	最大值/℃	最大值出现时刻	极差/℃	平均值/℃	标准差/℃	方差
法源寺前街	32.10	9：34	42.60	12：16	10.50	38.23	2.00	4.00
南半截胡同	32.10	9：03	44.70	13：32	12.60	39.16	2.59	6.71

2）相对湿度分析

在实测当天，两条街道起始相对湿度相似，均为27%左右。而后开始下降，下降到15：00时，继而开始回升，直至16：00（图3-35）。法源寺前街每小时相对湿度的平均值均高于南半截胡同，高出的数值为0.12～3.40个百分点不等。

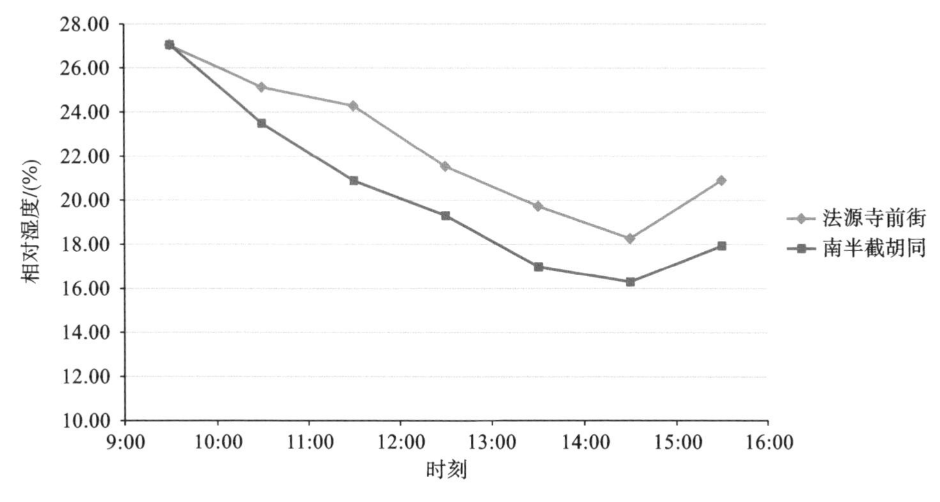

图 3-35　法源寺地区主要街道相对湿度折线图

由表3-25可知，法源寺前街全天相对湿度平均值较高，为22.4%，并且其方差较小，为13.47。街道内部的湿度水平较高，而且波动幅度较小，保湿的效果良好，主要原因可能是，法源寺前街的街道内部绿化和周围的绿地中植物的蒸腾作用减缓了局部空间相对湿度的降低。

表 3-25　法源寺地区主要街道相对湿度实测值分析

街道	最小值/（%）	最小值出现时刻	最大值/（%）	最大值出现时刻	极差/（%）	平均值/（%）	标准差/（%）	方差
法源寺前街	15.80	14：53	34.20	9：35	18.40	22.40	3.67	13.47
南半截胡同	15.00	13：32	31.30	9：40	16.30	20.36	3.84	14.75

3）风速分析

在风速方面，两条街道的变化趋势差异较大（图 3-36）。从早晨开始，法源寺前街的风速逐渐升高，南半截胡同逐步下降，直至 12：00 左右，二者分别达到了峰值和谷值，之后法源寺前街的风速开始下降，在 13：00 左右达到谷值；而南半截胡同开始升高。13：00—14：00 期间，两条街道的风速提升最快，在 14：40 和 15：55 法源寺前街和南半截胡同分别出现了瞬时最大风速，为 3.5 m/s 和 3.4 m/s，之后开始下降。

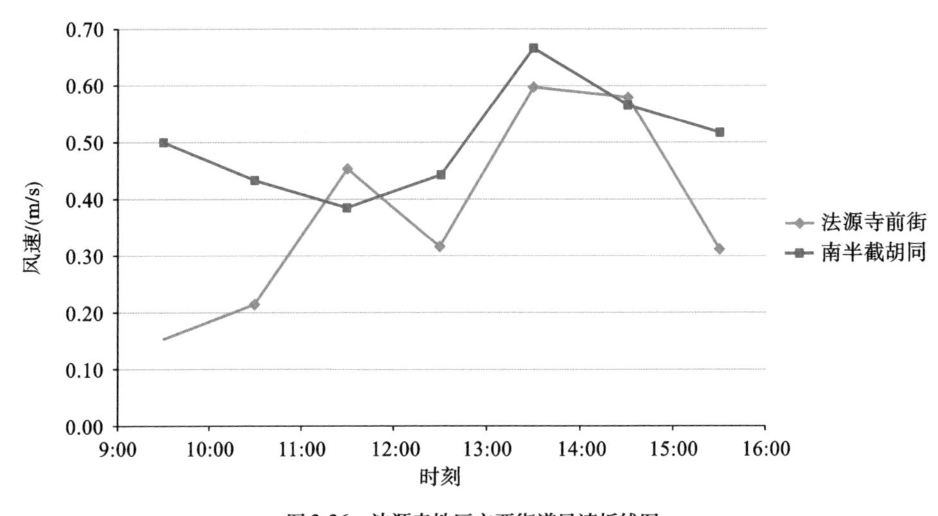

图 3-36　法源寺地区主要街道风速折线图

由表 3-26 可知，南半截胡同的风速平均值较高，为 0.5 m/s，且方差较小，为 0.32。南半截胡同的通风状况良好，并且风环境较为稳定，这主要是由于测量当天的风向与南半截胡同的走向呈平行关系，有利于风的通行。

表 3-26　法源寺地区主要街道风速实测值分析

街道	最小值 /（m/s）	最大值 /（m/s）	最大值出现时刻	平均值 /（m/s）	标准差 /（m/s）	方差
法源寺前街	0.00	3.50	14：40	0.38	0.58	0.34
南半截胡同	0.00	3.40	15：55	0.50	0.57	0.32

4）太阳辐射分析

两条街道太阳辐射的变化差异较大（图 3-37），无明显特点。法源寺前街和南半截胡同的太阳辐照度最大值分别为 901.20 W/m^2 和 922.20 W/m^2，出现在 13：00 左右。

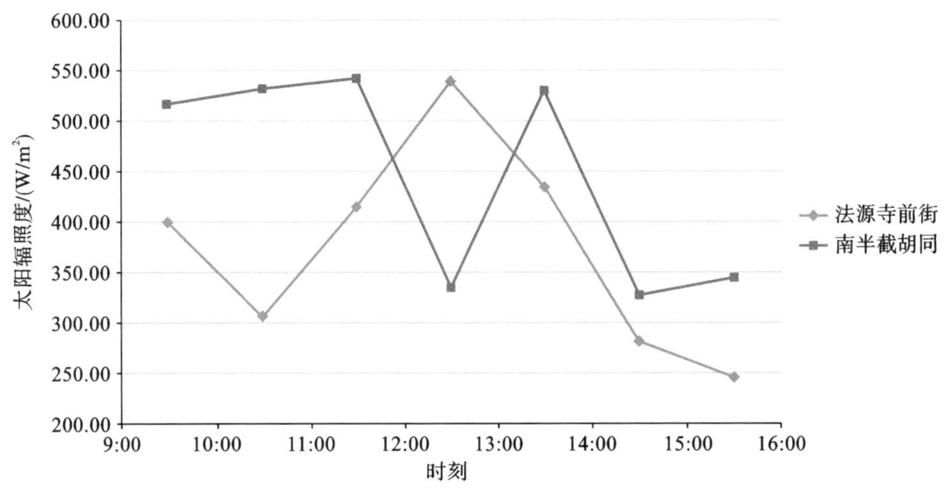

图 3-37　法源寺地区主要街道太阳辐射折线图

由表 3-27 可知，法源寺前街的太阳辐照度平均值比南半截胡同略低，为 349.31 W/m^2。法源寺前街较高的绿化覆盖率，可以减少街道内部太阳辐射的吸收量，但是效果较差，这可能是由于绿地分布在街道周边而不是街道内部，对内部空间的辐射平衡并没有起到明显的效果。

表 3-27　法源寺地区主要街道太阳辐照度实测值分析

街道	最小值 /（W/m^2）	最小值出现时刻	最大值 /（W/m^2）	最大值出现时刻	极差 /（W/m^2）	平均值 /（W/m^2）	标准差 /（W/m^2）	方差
法源寺前街	34.60	9：19	901.20	13：06	866.60	349.31	315.11	99294.31
南半截胡同	38.10	11：46	922.20	13：04	884.10	369.21	360.35	129852.12

5. 东四三条至八条地区主要街道微气候实测分析

测量时间为 2018 年 6 月 2 日，天气晴朗，气温为 21～35 ℃，风力等级为 2 级，风向为西南风。

对东四三条至八条地区三条主要街道进行测量，每条街道设置 2 或 3 个测点，测点分布如表 3-28 所示。东四四条设置 3 个测点，采集有效数据 255 个；南板桥胡同设置 2 个测点，采集有效数据 172 个；东四六条设置 3 个测点，采集有效数据 262 个。

表 3-28　东四三条至八条地区主要街道微气候监测点分布

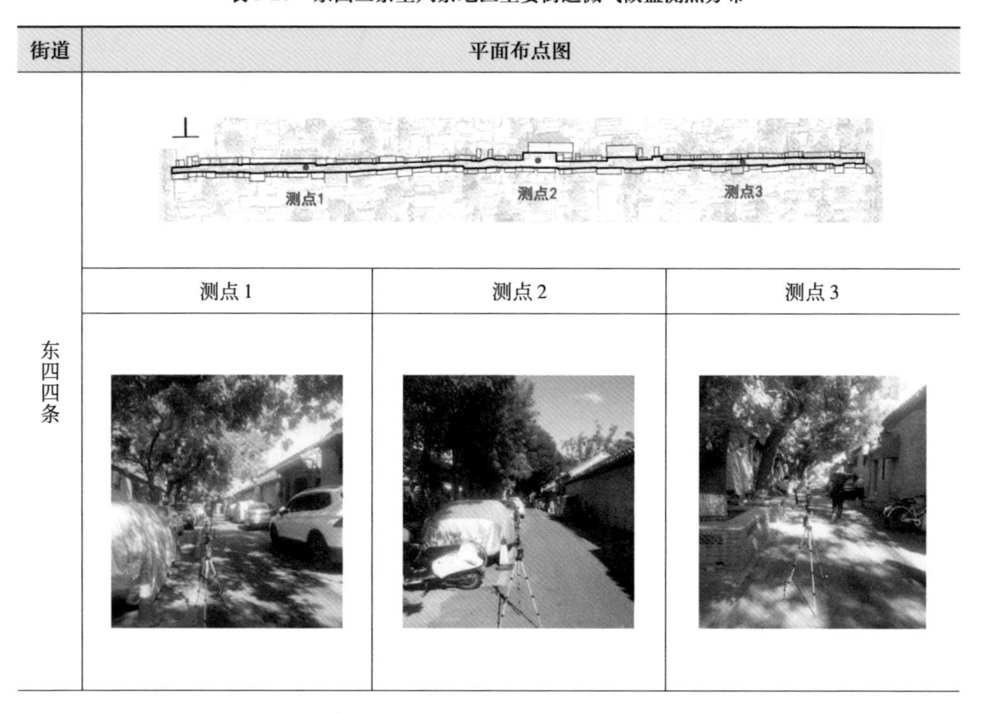

街道
平面布点图
测点1
测点2
测点3
测点 1
测点 2
测点 3
东四四条

续表

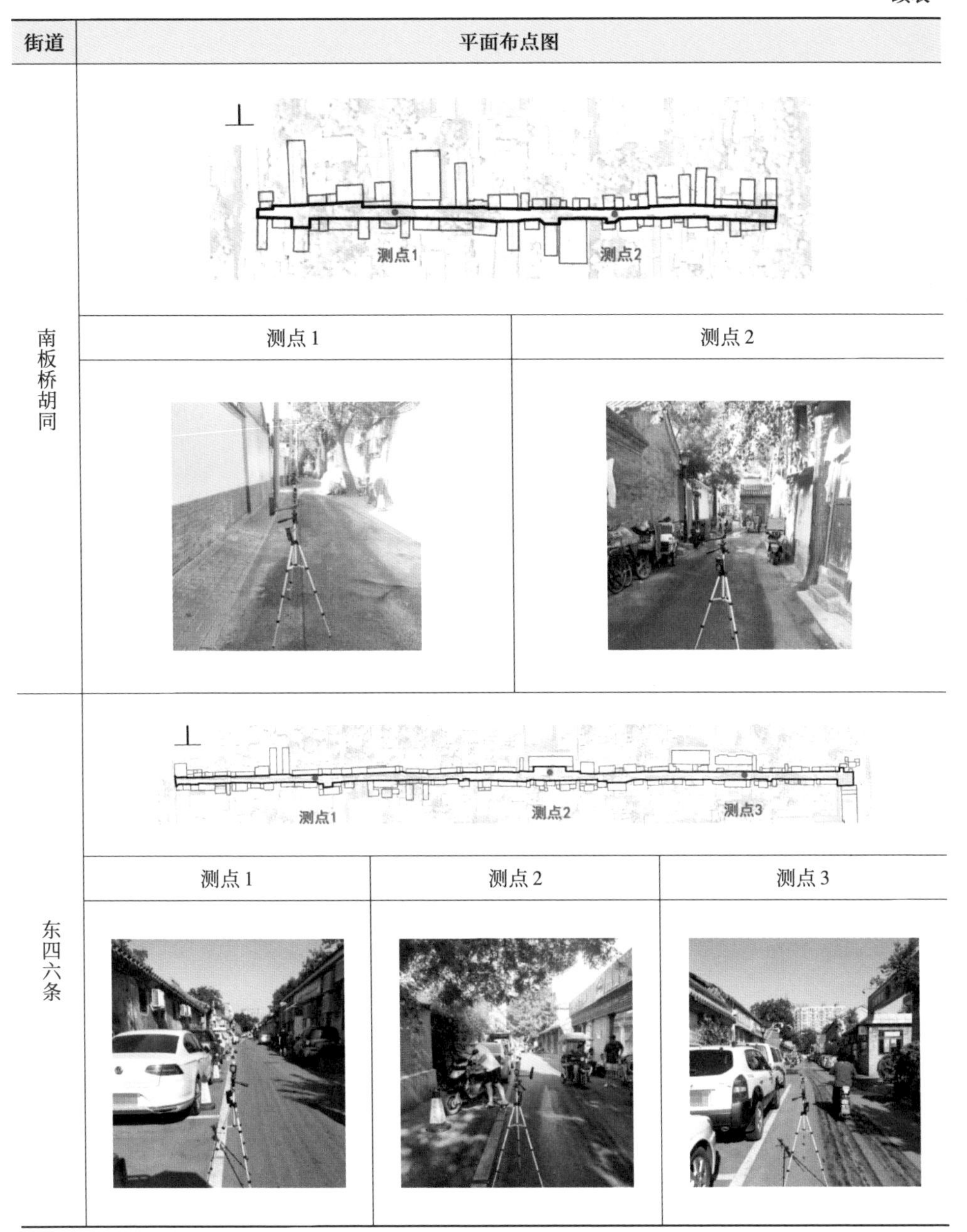

1）空气温度分析

对比三条街道的温度趋势（图 3-38）发现，9：00—15：00，三条街道的温度逐渐上升。15：00 之后，东四六条下降趋势明显，东四四条下降趋势较缓，而南板桥胡同则是持续上升。

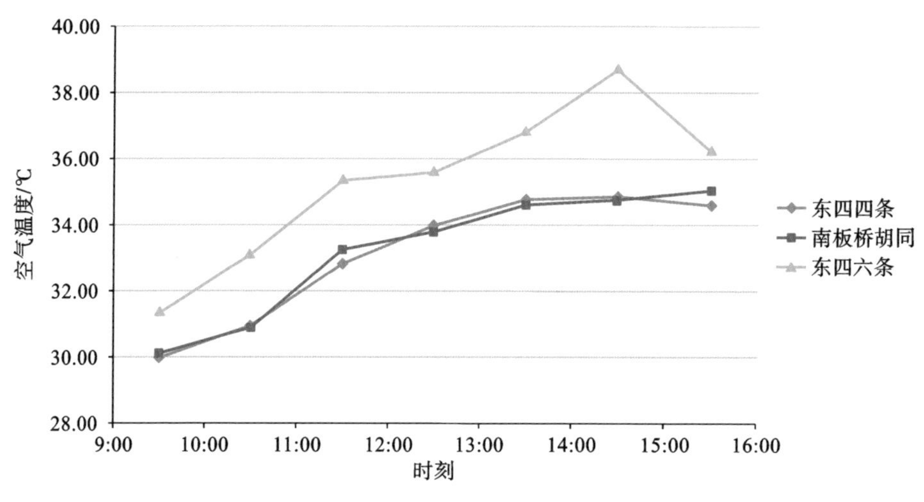

图 3-38　东四三条至八条地区主要街道空气温度折线图

由表 3-29 可知，东四四条的平均温度最低，为 32.91 ℃；东四六条的平均温度最高，为 35.41 ℃。原因可能是东四四条的绿化覆盖率较高，为 41.48%，通过植物蒸腾、吸收反射太阳辐射的作用，降低局部的温度。南板桥胡同的方差最小，为 3.76，温度的波动幅度小，这主要是由于南板桥胡同的街道高宽比较大，形成一定的阴影区域，从而使周围的热环境较为稳定。

表 3-29　东四三条至八条地区主要街道空气温度实测值分析

街道	最小值/℃	最小值出现时刻	最大值/℃	最大值出现时刻	极差/℃	平均值/℃	标准差/℃	方差
东四四条	27.80	9：04	37.50	14：25	9.70	32.91	7.20	51.84
南板桥胡同	28.30	9：01	37.30	11：35	9.00	33.73	1.94	3.76
东四六条	28.50	9：31	46.80	14：17	18.30	35.41	2.89	8.35

2）相对湿度分析

通过全天的相对湿度变化曲线（图 3-39）可以看出，温度与相对湿度的变化趋势相反。在 9：00—15：00 时段，相对湿度逐渐下降，直至 15：00 左右开始小幅度回升。

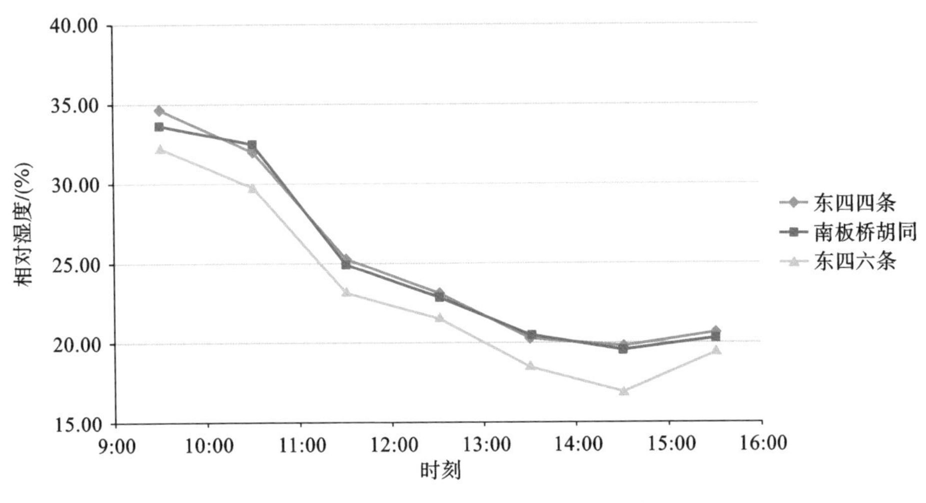

图 3-39　东四三条至八条地区主要街道相对湿度折线图

由表 3-30 可知，东四四条相对湿度平均值最大，为 25.86%；南板桥胡同次之，为 24.35%；东四六条最低，为 23.68%。这可能是由于东四四条种植了大量的国槐，植物的蒸腾作用使周围的湿度上升。

表 3-30　东四三条至八条地区主要街道相对湿度实测值分析

街道	最小值/(%)	最小值出现时刻	最大值/(%)	最大值出现时刻	极差/(%)	平均值/(%)	标准差/(%)	方差
东四四条	18.10	13：57	56.30	9：09	38.20	25.86	7.20	51.84
南板桥胡同	17.80	13：58	37.30	9：10	19.50	24.35	5.25	27.56
东四六条	12.20	14：14	58.20	9：21	46.00	23.68	7.66	58.68

3）风速分析

从整体风速变化曲线（图 3-40）来看，在 9：00—10：00 期间，东四四条和南板桥胡同风速逐渐升高，而东四六条风速在逐步下降。在 10：00—14：00 期间，三条街道的风速变化趋势较为相似，逐渐升高，东四四条和东四六条在 14：00 左右达到峰值。而后在 14：00—16：00 期间，东四四条风速持续降低；南板桥胡同则开始迅速升高，直至 15：00 左右达到峰值，而后开始下降；东四六条则先下降，在 15：00 左右达到谷值，而后开始上升。

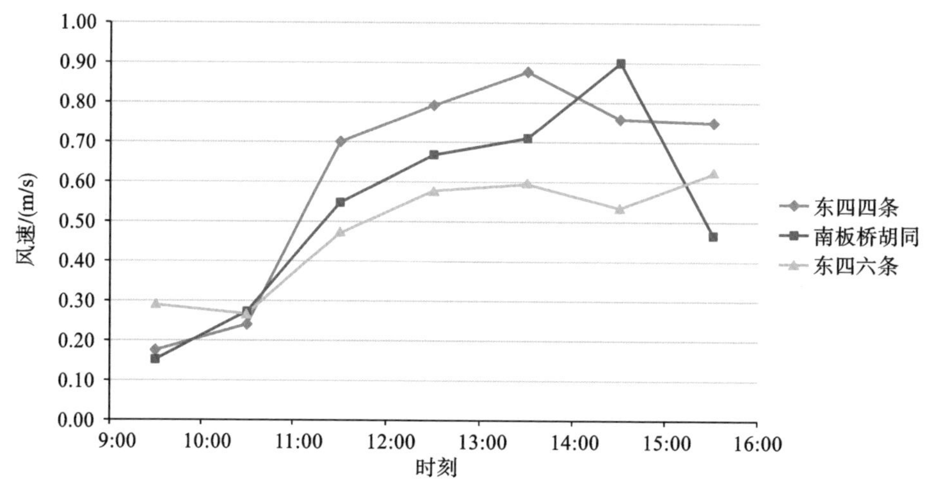

图 3-40　东四三条至八条地区主要街道风速折线图

由表 3-31 可知，东四四条风速平均值最大，为 0.59 m/s，比南板桥胡同和东四六条分别高出 0.06 m/s 和 0.1 m/s。

表 3-31　东四三条至八条地区主要街道风速实测值分析

街道	最小值/(m/s)	最大值/(m/s)	最大值出现时刻	平均值/(m/s)	标准差/(m/s)	方差
东四四条	0.00	3.80	12：51	0.59	0.69	0.48
南板桥胡同	0.00	2.90	13：07	0.53	0.60	0.36
东四六条	0.00	3.00	14：33	0.49	0.54	0.29

4）太阳辐射分析

对比三条街道的太阳辐射变化趋势（图 3-41）可以看出，东四四条和南板桥胡同的太阳辐照度较为相似，波动幅度较小，而东四六条的太阳辐照度在 9：00—10：00 期间明显上升，而后大体上呈下降趋势。

由表 3-32 可知，南板桥胡同的太阳辐照度平均值最小，为 114.73 W/m^2，并且其方差也最小，为 26088.71。这主要是由于南板桥胡同的街道高宽比较大，约为 1，并且绿化覆盖率也较高，为 35%，两者叠加在一起，形成了较大区域的阴影面积，进而实现辐射平衡。

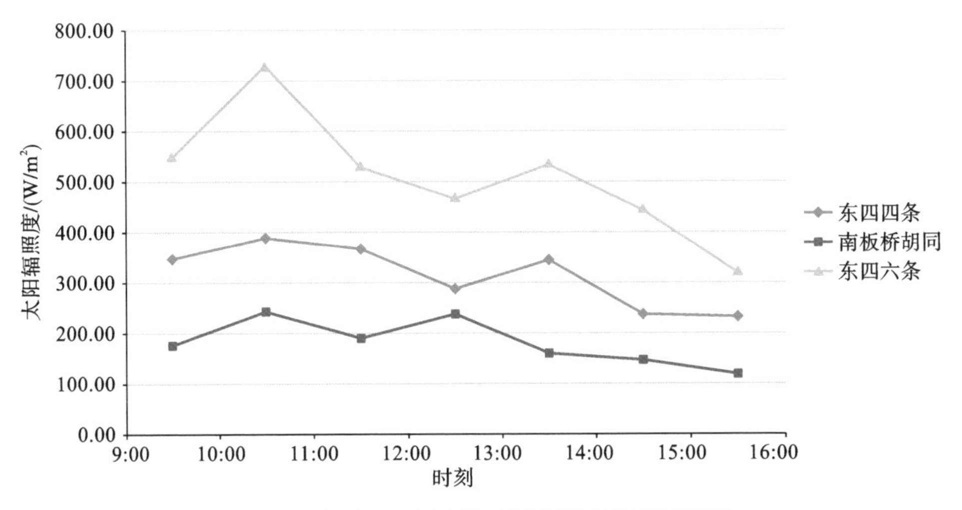

图 3-41　东四三条至八条地区主要街道太阳辐射折线图

表 3-32　东四三条至八条地区主要街道太阳辐照度实测值分析

街道	最小值/（W/m²）	最小值出现时刻	最大值/（W/m²）	最大值出现时刻	极差/（W/m²）	平均值/（W/m²）	标准差/（W/m²）	方差
东四四条	26.60	10：41	671.20	14：07	644.60	191.64	209.12	43731.17
南板桥胡同	30.90	10：18	618.70	13：54	587.80	114.73	161.52	26088.71
东四六条	21.20	10：15	850.90	13：21	829.70	468.43	278.98	77829.84

6. 阜成门内大街地区主要街道微气候实测分析

测量时间为 2018 年 6 月 30 日，天气晴朗，气温为 23～37 ℃，风力 3 级，风向为东风。

对阜成门内大街地区三条主要街道进行测量，每条街道设置 2 或 3 个测点，测点分布如表 3-33 所示。 阜成门内北街设置 2 个测点，采集有效数据 162 个；庆丰胡同设置 2 个测点，采集有效数据 164 个；西四北头条设置 3 个测点，采集有效数据 257 个。

表 3-33　阜成门内大街地区主要街道微气候监测点分布

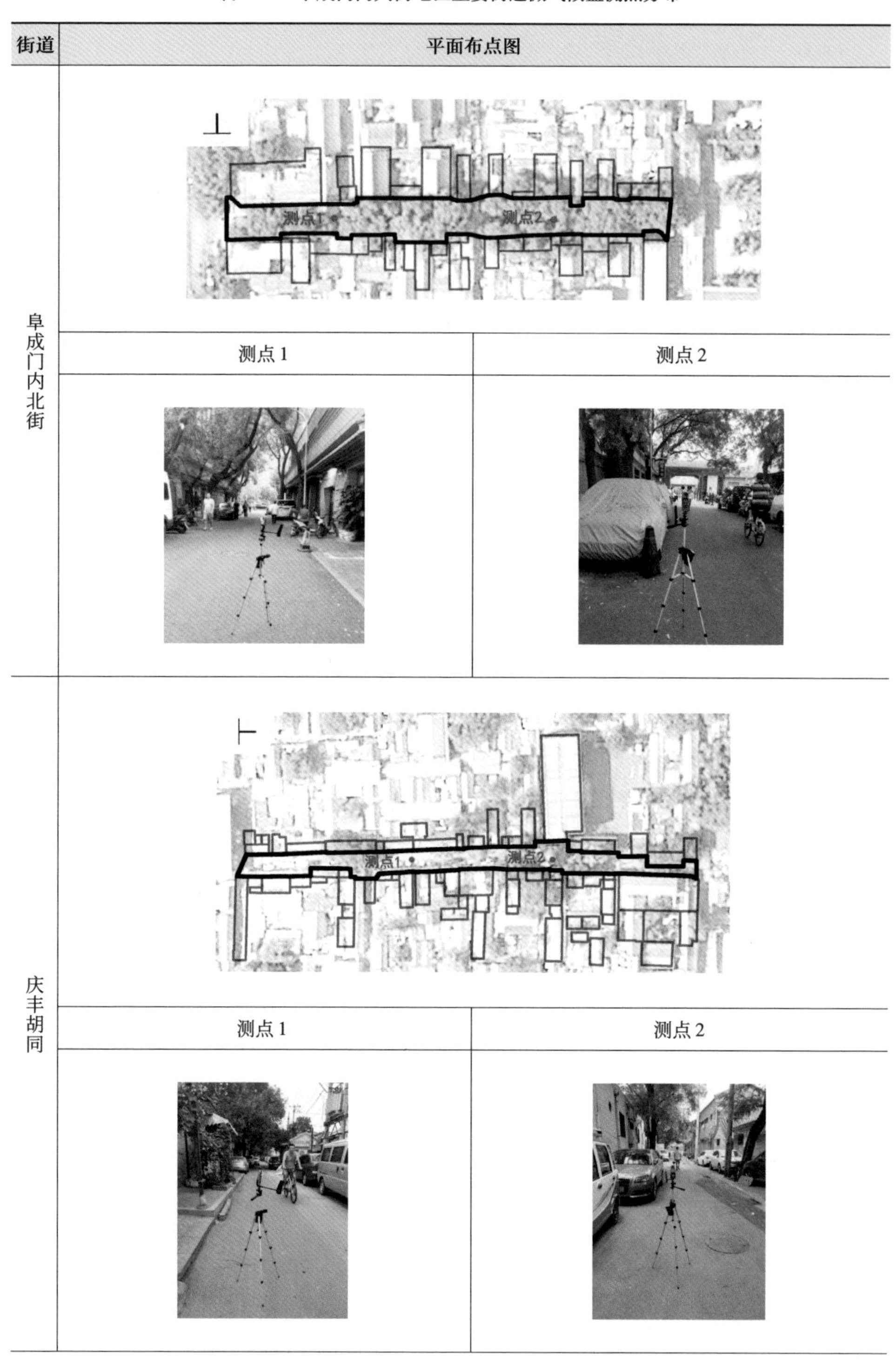

续表

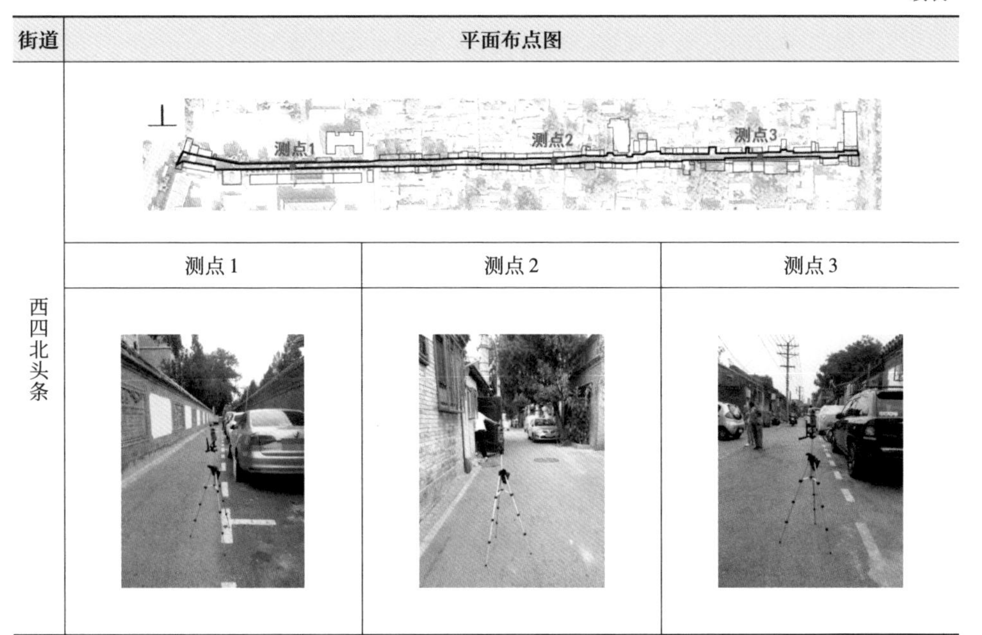

街道	平面布点图		
西四北头条			
	测点 1	测点 2	测点 3

1）空气温度分析

对比温度趋势曲线（图 3-42）可以看出，在 9：00—15：00 期间，三条街道空气温度均属于上升期，15：00 之后，阜成门内北街的温度持续攀升，而庆丰胡同和西四北头条则开始下降。 三条街道的温度最小值为 29.3～30.4 ℃，出现在 9：03—9：50；最大值为 40.4～41.1 ℃，出现在 14：31—15：08。

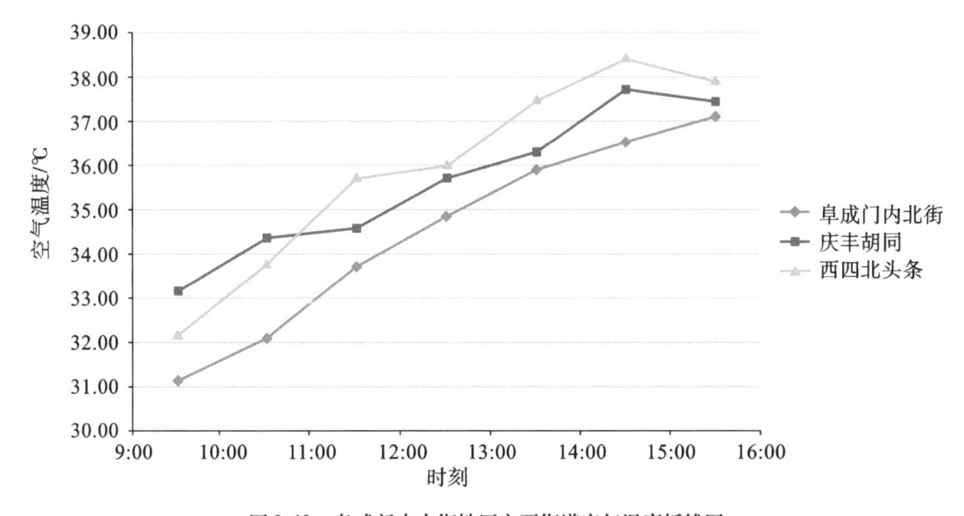

图 3-42　阜成门内大街地区主要街道空气温度折线图

由表3-34可知，阜成门内北街的温度平均值最低，为34.54 ℃，主要是由于阜成门内北街的行道树形成了大量的遮阴区域，延缓了温度的上升。

表3-34　阜成门内大街地区主要街道空气温度实测值分析

街道	最小值/℃	最小值出现时刻	最大值/℃	最大值出现时刻	极差/℃	平均值/℃	标准差/℃	方差
阜成门内北街	29.70	9：03	40.40	15：08	10.70	34.54	2.13	4.54
庆丰胡同	30.40	9：50	41.10	14：31	10.70	35.94	2.01	4.04
西四北头条	29.30	9：19	40.50	14：57	11.20	34.74	5.69	32.38

2）相对湿度分析

实测当天，三条街道的相对湿度均呈下降趋势（图3-43），最大值为46.4%～51.5%，出现在9：02—9：50；最小值为24.2%～25.2%，出现在14：31—15：09。

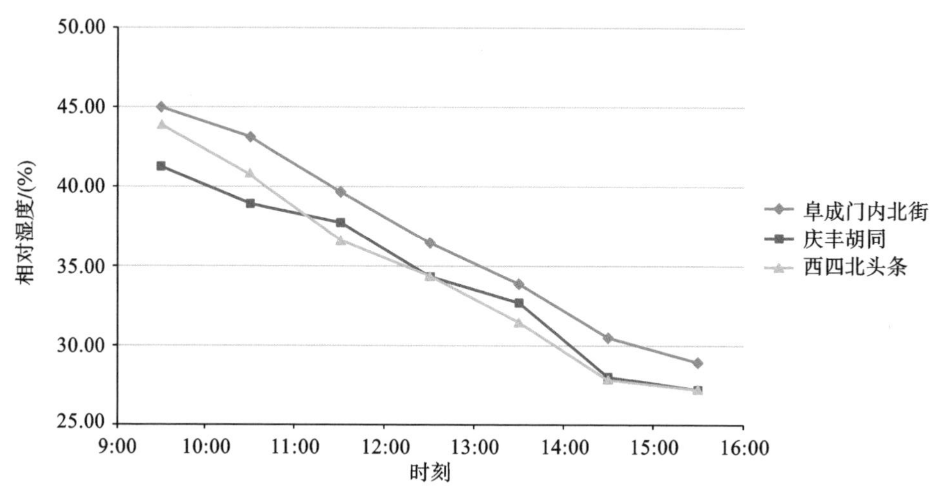

图3-43　阜成门内大街地区主要街道相对湿度折线图

由表3-35可知，阜成门内北街相对湿度平均值最高，为36.61%，并且其方差最小，为4.54，可见阜成门内北街的相对湿度的离散程度较小。根据现状调研得知，阜成门内北街的两侧种植高大乔木，绿化覆盖率高达91.3%，可见街道散植绿化对于街道相对湿度的降低起到了延缓作用。

表 3-35　阜成门内大街地区主要街道相对湿度实测值分析

街道	最小值/(%)	最小值出现时刻	最大值/(%)	最大值出现时刻	极差/(%)	平均值/(%)	标准差/(%)	方差
阜成门内北街	25.20	15：09	47.90	9：02	22.70	36.61	2.13	4.54
庆丰胡同	25.00	14：31	46.40	9：50	21.40	33.85	5.21	27.14
西四北头条	24.20	14：57	51.50	9：19	27.30	34.74	6.13	37.58

3）风速分析

通过风速数据曲线（图 3-44）可以看出，三条街道的风速波动差异较大。阜成门内北街在 9：00—11：00 呈上升趋势，而后风速波动较为平缓；庆丰胡同在 9：00—11：00 也呈上升趋势，而后开始下降，在 12：00 左右出现谷值，继而开始上升，持续了一个小时，14：00—16：00 期间风速波动较为平缓；西四北头条在早晨风速波动较为平缓，11：00—16：00 期间风速开始逐时上升。

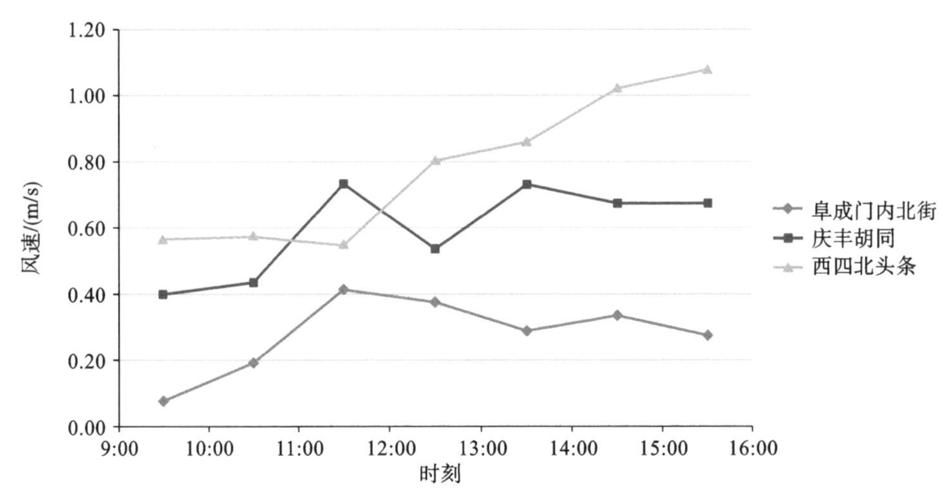

图 3-44　阜成门内大街地区主要街道风速折线图

对比全天风速平均值（表 3-36）发现，西四北头条风速平均值最大，为 0.78 m/s；庆丰胡同次之，为 0.60 m/s；阜成门内北街最小，为 0.28 m/s。这主要是由于西四北头条为东西走向，测量当日盛行东风，风向与街道走向呈平行关系，且街道高宽比约为 1，风速得到了一定的提升。

表 3-36　阜成门内大街地区主要街道风速实测值分析

街道	最小值 /（m/s）	最大值 /（m/s）	最大值出现时刻	平均值 /（m/s）	标准差 /（m/s）	方差
阜成门内北街	0.00	3.00	12：29	0.28	0.50	0.25
庆丰胡同	0.00	3.80	14：50	0.60	0.59	0.35
西四北头条	0.00	3.10	13：21	0.78	0.64	0.41

阜成门内北街的风速方差最小，为 0.25，说明该街道内部的风速波动较小，风环境较为稳定。

4）太阳辐射分析

由太阳辐射的样本数据曲线（图 3-45）可以看出，阜成门内北街的整日太阳辐照度波动较小。 而庆丰胡同和西四北头条波动较大，在 10：00 和 12：00 左右西四北头条出现两次峰值，在 11：00 和 13：00 左右庆丰胡同也出现两次峰值。 三条街道的太阳辐照度最大值为 767.0～840.8 W/m^2，出现在 12：59—13：32，最小值为 20.1～45.7 W/m^2，出现在 9：03—9：19。

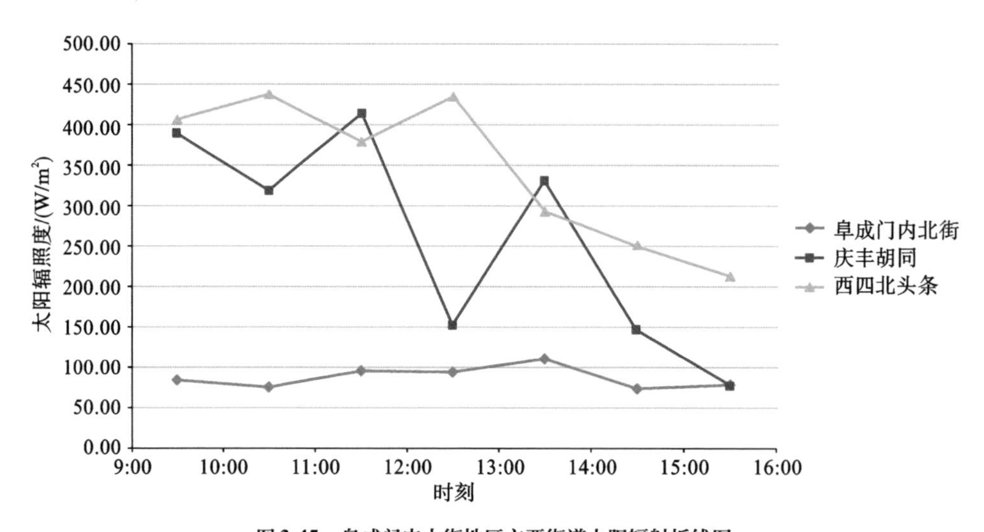

图 3-45　阜成门内大街地区主要街道太阳辐射折线图

由表3-37可知，西四北头条的太阳辐照度平均值最大，为346.14 W/m²，其次是庆丰胡同，为261.90 W/m²，最后是阜成门内北街，为87.36 W/m²，且阜成门内北街的方差最小。阜成门内北街的绿化覆盖率位于三条街道之首，两侧的行道树有效地吸收和反射了太阳辐射，维持了辐射环境的稳定，为街道空间提供了阴凉区。

表3-37　阜成门内大街地区主要街道太阳辐照度实测值分析

街道	最小值/（W/m²）	最小值出现时刻	最大值/（W/m²）	最大值出现时刻	极差/（W/m²）	平均值/（W/m²）	标准差/（W/m²）	方差
阜成门内北街	45.70	9：04	807.20	13：32	761.50	87.36	68.52	4694.99
庆丰胡同	20.10	9：03	840.80	12：59	820.70	261.90	239.71	57460.88
西四北头条	27.60	9：19	767.00	13：18	739.40	346.14	269.87	72829.82

三、北京老城历史街区主要街道ENVI-met数值模拟与验证分析

1. ENVI-met模型的建立

参考卫星地图和实地测绘的CAD对上述19条街道进行ENVI-met建模（图3-46～图3-64），根据不同的街道研究区域尺寸设置网格尺度和网格分辨率，为了保证模型的准确性，将网格分辨率控制在1～3 m。模型中的建筑可以设定高度、建筑材质，下垫面的材质主要为土壤、沥青、混凝土和砖块路；植物方面，从ENVI-met的3D模型库中选取对应的树种进行建模。模拟日期参照微气候实测日期，均为典型夏季气象日，模拟的时间为8：00—18：00，共计10 h，模拟粗糙度长度采用系统默认值0.01，模拟太阳辐射系数为1，模拟云量为0。依据当天实测数据和气象台官方数据，设置初始空气温度、初始风速、初始风向和初始相对湿度，为了减小模拟误差，还会对空气温度、相对湿度的极值和极值出现的时间进行设定（表3-38）。

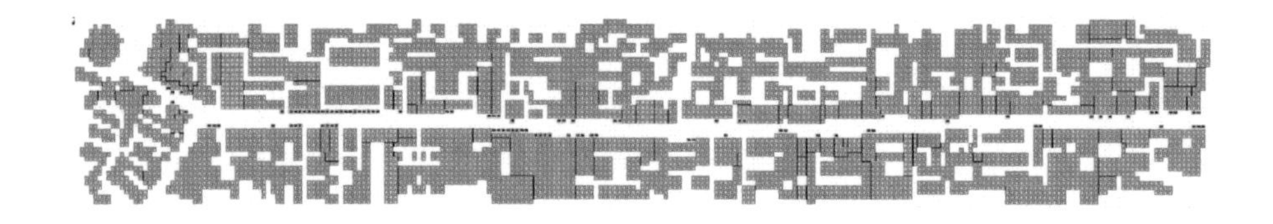

图 3-46　杨梅竹斜街 ENVI-met 模型平面图

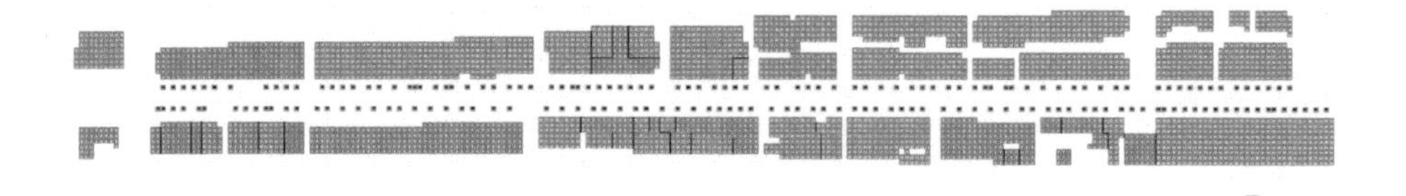

图 3-47　前门大街 ENVI-met 模型平面图

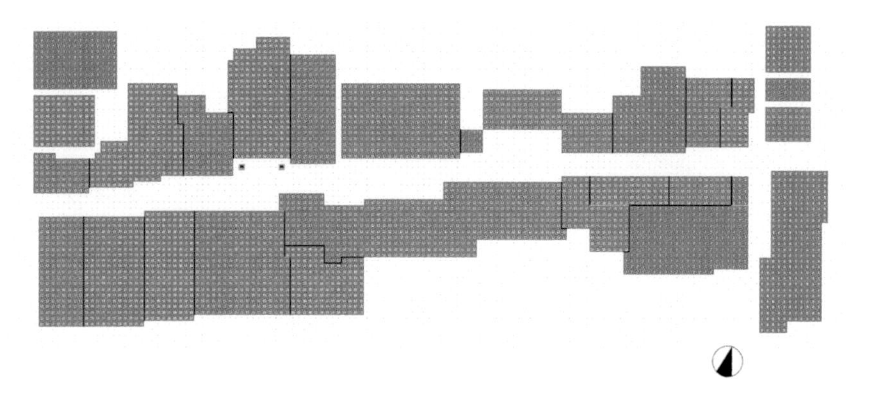

图 3-48　大栅栏商业街 ENVI-met 模型平面图

图 3-49　煤市街选段 ENVI-met 模型平面图

图 3-50　南锣鼓巷 ENVI-met 模型平面图

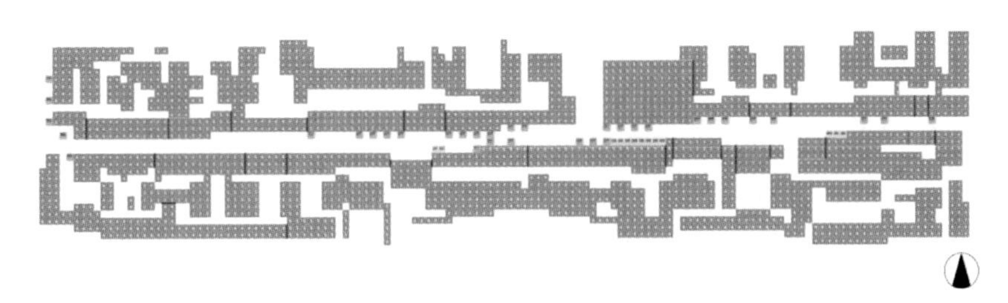

图 3-51　黑芝麻胡同 ENVI-met 模型平面图

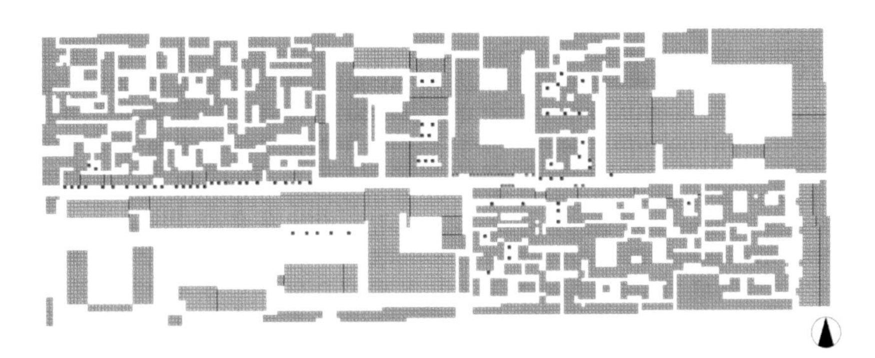

图 3-52　北兵马司胡同 ENVI-met 模型平面图

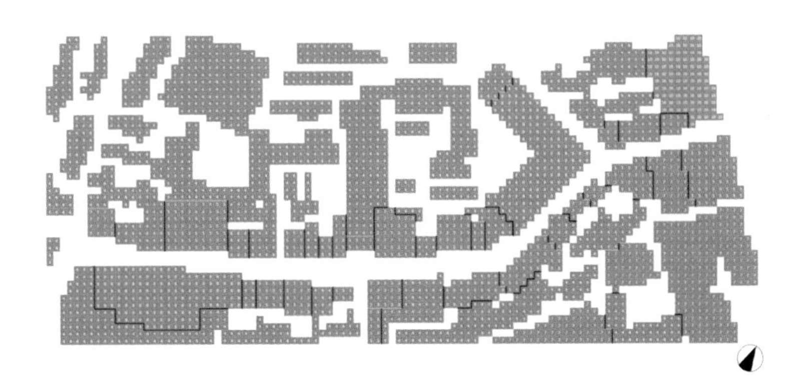

图 3-53　烟袋斜街 ENVI-met 模型平面图

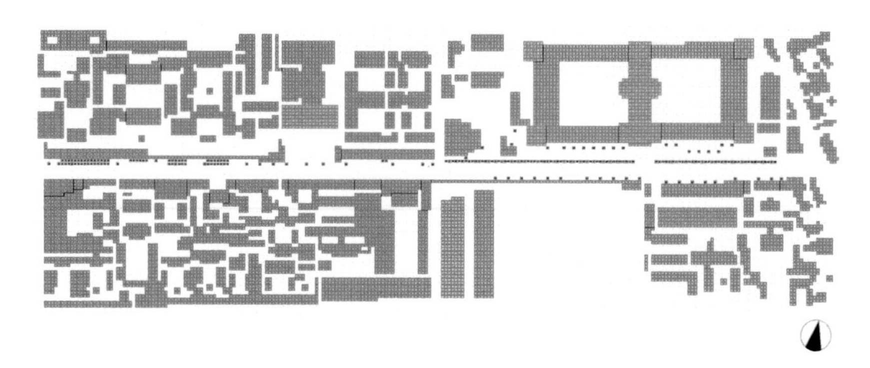

图 3-54　定阜街 ENVI-met 模型平面图

图 3-55　西海南沿选段 1ENVI-met 模型平面图

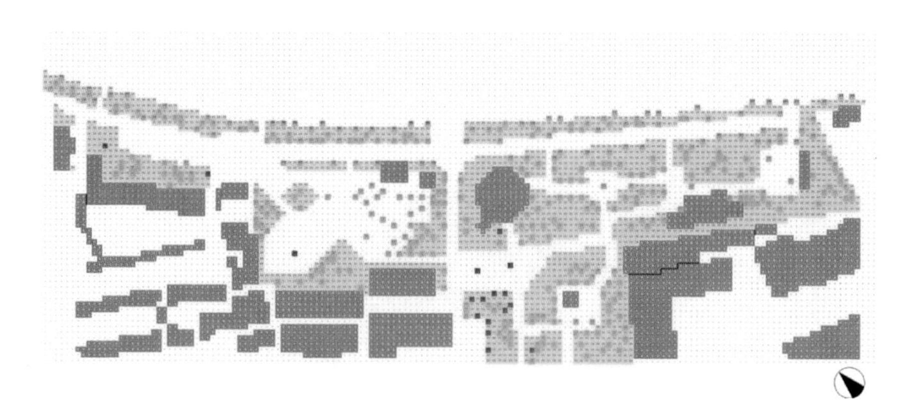

图 3-56　西海南沿选段 2ENVI-met 模型平面图

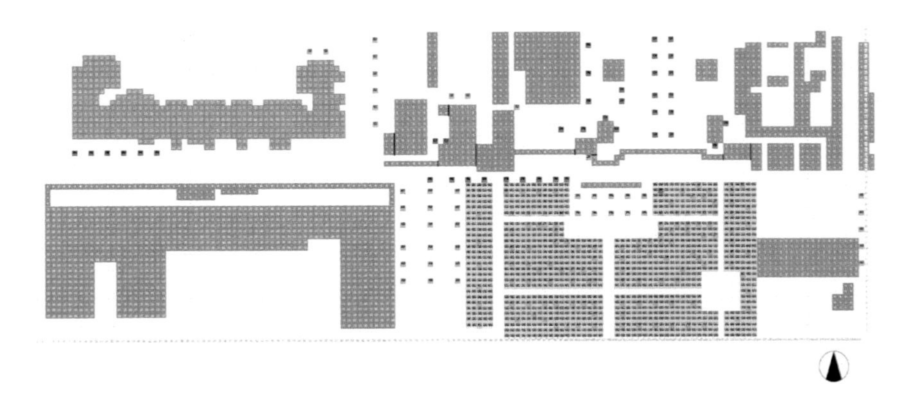

图 3-57　法源寺前街 ENVI-met 模型平面图

图 3-58　南半截胡同 ENVI-met 模型平面图

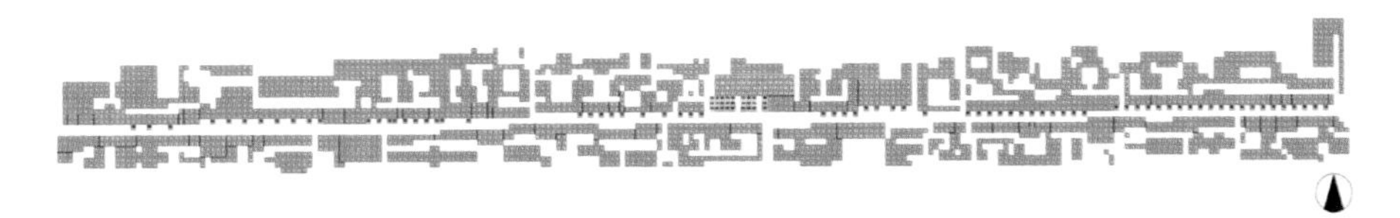

图 3-59　东四四条 ENVI-met 模型平面图

图 3-60　南板桥胡同 ENVI-met 模型平面图

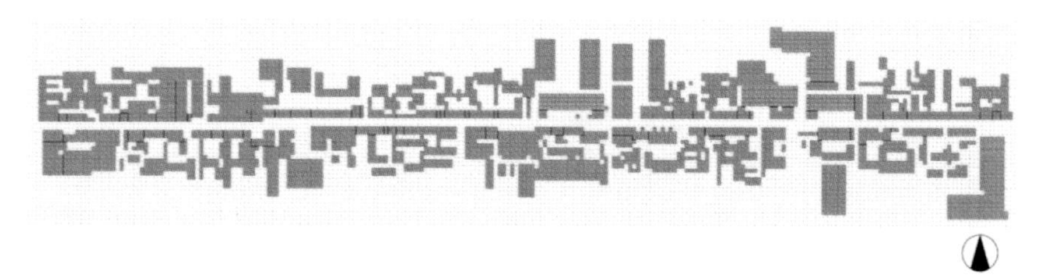

图 3-61　东四六条 ENVI-met 模型平面图

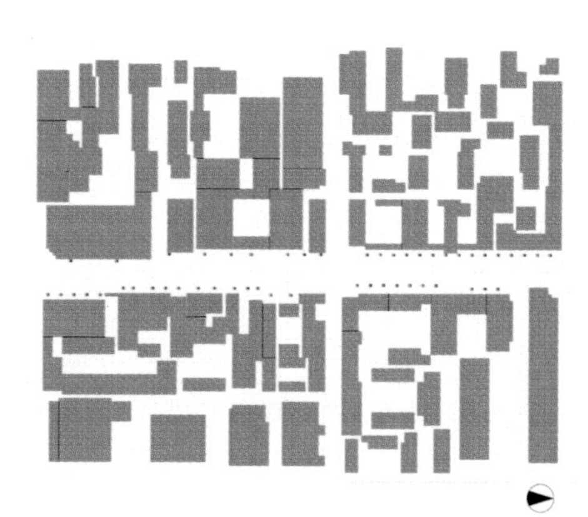

图 3-62　阜成门内北街 ENVI-met 模型平面图

图 3-63　庆丰胡同 ENVI-met 模型平面图

图 3-64　西四北头条 ENVI-met 模型平面图

表 3-38　19 条街道 ENVI-met 数值模拟基础信息统计

序号	街道	模拟时间	网格尺度/（mm×mm×mm）	网格分辨率/mm	初始温度/℃	初始风速/（m/s）	初始风向/（°）	初始相对湿度/（%）
1	杨梅竹斜街	2018-7-15	248×41×30	dx=2，dy=2，dz=2	32.20	3	184	55
2	前门大街	2018-7-15	244×34×20	dx=3，dy=3，dz= 3	31.20	3	192	50
3	大栅栏商业街	2018-7-15	150×57×30	dx=2，dy=2，dz=2	30.57	1.5	181	56
4	煤市街选段	2018-7-15	91×225×30	dx=2，dy=2，dz= 2	31.81	3	200	55
5	南锣鼓巷	2018-6-10	245×37×30	dx=3，dy=3，dz= 3	25.27	3	182	53

续表

序号	街道	模拟时间	网格尺度/(mm×mm×mm)	网格分辨率/mm	初始温度/℃	初始风速/(m/s)	初始风向/(°)	初始相对湿度/(%)
6	黑芝麻胡同	2018-6-10	142×38×30	dx=2，dy=2，dz=2	25.50	3	140	53
7	北兵马司胡同	2018-6-10	241×100×30	dx=2，dy=2，dz= 2	23.25	3	187	53
8	烟袋斜街	2018-7-7	105×45×30	dx=2，dy=2，dz=2	30.10	1.5	99	40
9	定阜街	2018-7-7	248×87×30	dx=2，dy=2，dz=2	28.92	1.5	72	40
10	西海南沿选段1	2018-7-7	175×60×30	dx=2，dy=2，dz=2	29.70	1.5	101	50
11	西海南沿选段2	2018-7-7	150×60×30	dx=2，dy=2，dz= 2	28.45	1	95	44
12	法源寺前街	2018-6-29	155×56×30	dx=2，dy=2，dz=2	36.27	2	150	27
13	南半截胡同	2018-6-29	68×190×30	dx= 2，dy=2，dz= 2	35.40	3	150	29
14	东四四条	2018-6-2	247×32×25	dx=3，dy=3，dz= 3	29.00	3	220	36
15	南板桥胡同	2018-6-2	53×128×25	dx=2，dy=2，dz=2	29.65	3	210	35
16	东四六条	2018-6-2	245×50×30	dx=3，dy=3，dz=3	31.15	3	224	33
17	阜成门内北街	2018-6-30	130×170×30	dx=1，dy=1，dz=1	30.20	3	100	47
18	庆丰胡同	2018-6-30	152×185×20	dx=1，dy=1，dz=2	33.40	3	98	48
19	西四北头条	2018-6-30	229×39×30	dx=3，dy=3，dz= 3	33.20	3	97	44

2. 数值模拟精度分析

根据上述数值模拟指标RMSE（均方根误差）和MAPE（平均绝对百分比误差）的计算发现，温度的RMSE值介于0.43 ℃和1.61 ℃之间，MAPE值介于0.14%和5.52%之间；湿度的RMSE值介于0.93和4.52之间，MAPE值介于1.34%和4.98%之间。对于ENVI-met模型模拟结果数据的误差范围相关研究表明，在空气温度方面RMSE值介于1.31 ℃和1.63 ℃之间，在相对湿度方面MAPE值不超过5%，即认定实测值与模拟值之间的误差符合有效范围[7]。对比计算结果发现，温度RMSE值和湿度MAPE值均在有效范围之内，说明19条街道模型较为准确，模拟数据也和实际数据较为接近，可以用作接下来热舒适度分析的基础数据（表3-39）。

表3-39　19条街道ENVI-met数值模拟精度

街道	测点	温度RMSE /℃	温度MAPE /（%）	湿度RMSE	湿度MAPE /（%）
杨梅竹斜街	1	1.28	3.17	2.70	4.01
	2	0.87	2.04	2.30	3.20
	3	1.24	3.17	1.78	2.89
前门大街	1	1.27	3.28	3.46	4.72
	2	1.40	3.52	3.70	4.77
	3	1.50	3.85	2.93	3.87
大栅栏商业街	1	1.05	2.65	2.27	4.32
	2	1.54	3.29	2.66	4.68
煤市街选段	1	0.48	1.16	2.71	4.09
	2	0.79	2.07	3.03	4.41
	3	0.99	2.67	1.90	2.99
南锣鼓巷	1	0.52	1.81	2.20	4.72
	2	1.45	4.20	0.99	2.43
	3	0.53	1.69	1.33	2.59
黑芝麻胡同	1	1.52	5.52	2.20	4.85
	2	0.78	2.30	1.33	4.59

续表

街道	测点	温度 RMSE /℃	温度 MAPE /（%）	湿度 RMSE	湿度 MAPE /（%）
北兵马司胡同	1	1.36	4.11	2.56	2.48
	2	0.97	3.14	2.45	1.34
	3	0.43	0.14	2.22	4.67
烟袋斜街	1	0.51	1.29	1.91	4.89
	2	0.61	1.70	2.58	2.94
定阜街	1	0.79	2.05	2.42	4.46
	2	0.74	1.79	2.42	4.87
	3	1.12	2.69	1.56	4.16
西海南沿选段 1	1	0.86	2.23	1.99	4.98
	2	1.36	4.13	2.94	3.94
	3	0.67	1.55	2.45	4.48
西海南沿选段 2	1	0.58	0.66	2.35	4.45
	2	0.68	2.02	1.95	4.58
	3	0.62	1.98	2.42	4.94
法源寺前街	1	1.25	2.22	2.57	4.49
	2	1.57	3.86	4.52	2.78
	3	1.44	3.29	2.50	4.52
南半截胡同	1	1.61	3.30	1.10	4.88
	2	1.47	3.33	0.94	4.54
	3	1.48	3.45	1.08	3.94
东四四条	1	1.15	2.97	1.38	4.79
	2	1.58	3.77	0.99	3.31
	3	1.20	3.34	1.32	4.52
南板桥胡同	1	1.32	3.31	1.23	3.46
	2	0.77	2.02	1.03	3.43
东四六条	1	1.56	3.65	1.19	4.51
	2	1.51	4.11	1.30	4.62
	3	1.59	4.17	0.93	3.39

续表

街道	测点	温度 RMSE /℃	温度 MAPE /（%）	湿度 RMSE	湿度 MAPE /（%）
阜成门内北街	1	1.18	2.50	1.70	4.37
	2	1.28	3.26	2.40	4.97
庆丰胡同	1	1.31	2.53	1.98	4.77
	2	0.59	1.12	1.39	3.62
西四北头条	1	0.77	1.81	2.21	4.46
	2	1.08	2.87	1.72	4.43
	3	1.07	2.69	1.27	3.34

第四节　北京老城历史街区空间热舒适度指标修正

一、热舒适度调查问卷及分析

热舒适度调研采用调查问卷的方式，利用问卷星软件平台，在微气候实测的同时进行热舒适度调查问卷的发放。调查问卷发放时间为6天，收回有效问卷1091份，每份调查问卷的填写时间为3～5分钟。

问卷受访者共计1091人，其中男性有561人，占51.42%，女性有530人，占48.58%。主要受访的年龄段为30～40岁，占30.43%；其次为20～30岁，占26.76%；40～50岁和50～60岁的分别占17.51%和18.52%；其中最少的为60～70岁，占比6.78%。活动状况主要是轻度运动和散步，分别占35%和27%；其次是中度运动、站着聊天、坐着聊天和带孩子，分别为12%、12%、7%和7%。着装情况主要是短袖、短裤和长裤，分别占82.31%、39.69%和43.72%。依据上述分析可知，在街道空间中活动的主要为中年人，进行的活动主要是轻度运动、散步等（图3-65）。

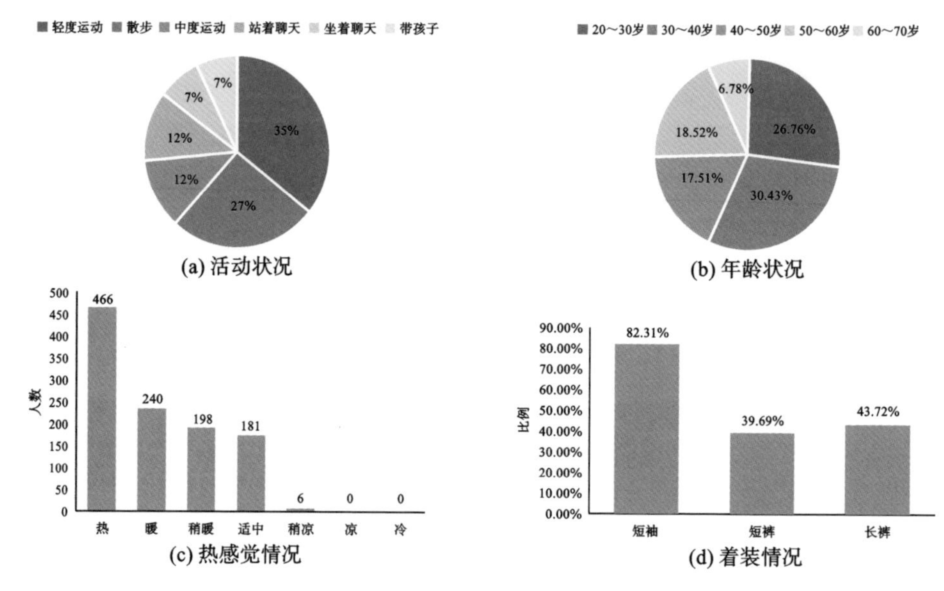

图 3-65　热舒适度调查问卷分析图

二、北京老城典型街道空间热舒适度指数分析

1. PET 指标修正

汇总前期调查问卷，大栅栏地区共计 243 位受访者、南锣鼓巷地区 161 位、什刹海地区 209 位、法源寺地区 126 位、东四三条至八条地区 179 位、阜成门内大街地区 173 位。经回归分析得出不同街区受访者的平均热感觉与 PET 之间的关系，并得到平均热感觉与 PET 的一元回归方程（表 3-40、图 3-66），进而通过回归方程可以计算出大栅栏地区、南锣鼓巷地区、什刹海地区、法源寺地区、东四三条至八条地区和阜成门内大街地区的 PET 中性值分别为 22.67 ℃、14.52 ℃、24.49 ℃、20.13 ℃、22.96 ℃、9.63 ℃。可以看出阜成门内大街地区的 PET 中性值远低于其他五个片区，且拟合优度（R^2）为 0.753，在六个历史街区中最低，这表明 PET 不适用于评估阜成门内大街地区的室外热舒适度。

表 3-40　PET 指标回归分析数据

街区	PET 回归方程	PET 中性值	拟合优度（R^2）
大栅栏地区	MTSV＝0.094PET−2.131	22.67 ℃	0.886
南锣鼓巷地区	MTSV＝0.091PET−1.321	14.52 ℃	0.822
什刹海地区	MTSV＝0.146PET−3.576	24.49 ℃	0.924
法源寺地区	MTSV＝0.106PET−2.134	20.13 ℃	0.824
东四三条至八条地区	MTSV＝0.111PET−2.549	22.96 ℃	0.820
阜成门内大街地区	MTSV＝0.067PET−0.645	9.63 ℃	0.753

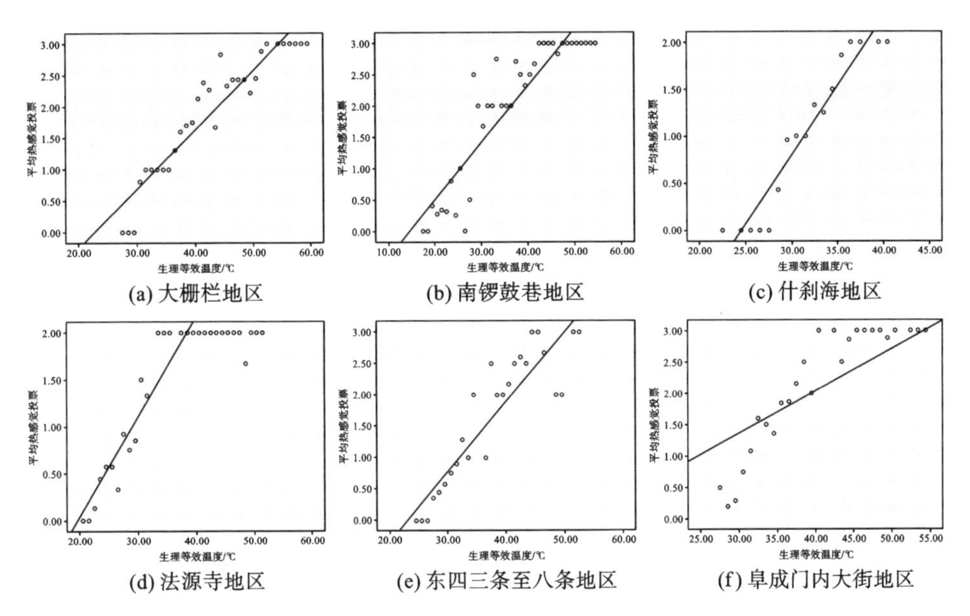

(a) 大栅栏地区　(b) 南锣鼓巷地区　(c) 什刹海地区
(d) 法源寺地区　(e) 东四三条至八条地区　(f) 阜成门内大街地区

图 3-66　平均热感觉投票与生理等效温度（PET）的关系

2. UTCI 指标修正

经回归分析得出不同街区受访者的平均热感觉与 UTCI 之间的关系，并得到平均热感觉与 UTCI 的一元回归方程（表 3-41、图 3-67）。通过回归方程可以计算出大栅栏地区、南锣鼓巷地区、什刹海地区、法源寺地区、东四三条至八条地区和阜成门内大街地区的 UTCI 中性值分别为 31.10 ℃、20.28 ℃、23.49 ℃、22.26 ℃、26.17 ℃、25.79 ℃。六个历史街区的 R^2 值较高，且 UTCI 中性值较为合理，对人体热感觉的预测较为接近，因此 UTCI 可以较为准确反映六个街区的热舒适度状况。

表 3-41　UTCI 指标回归分析数据

街区	UTCI 回归方程	UTCI 中性值	拟合优度（R^2）
大栅栏地区	MTSV＝0.225UTCI－6.997	31.10 ℃	0.975
南锣鼓巷地区	MTSV＝0.186UTCI－3.773	20.28 ℃	0.865
什刹海地区	MTSV＝0.238UTCI－5.59	23.49 ℃	0.953
法源寺地区	MTSV＝0.124UTCI－2.760	22.26 ℃	0.838
东四三条至八条地区	MTSV＝0.199UTCI－5.208	26.17 ℃	0.957
阜成门内大街地区	MTSV＝0.175UTCI－4.514	25.79 ℃	0.906

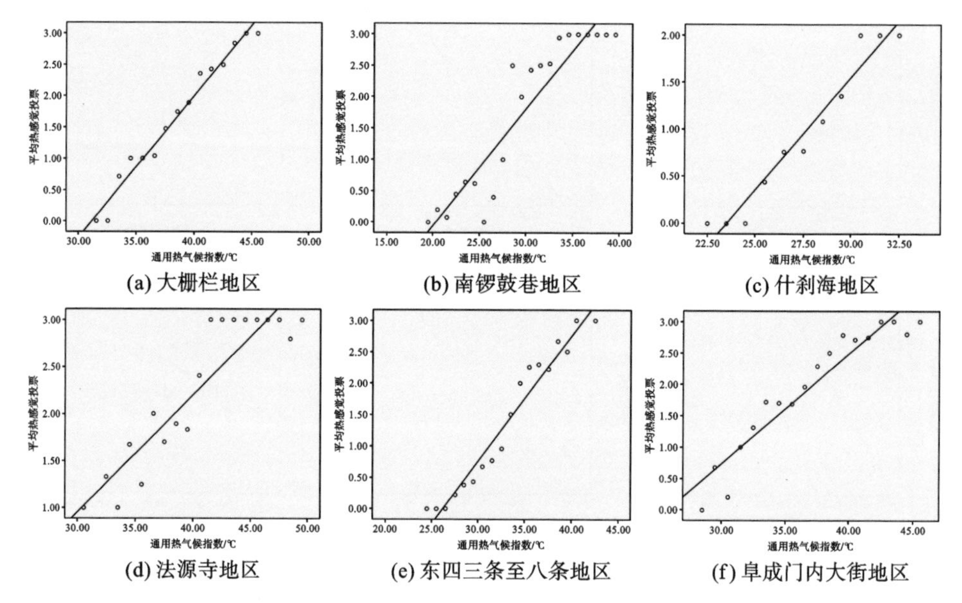

图 3-67　平均热感觉投票与通用热气候指数（UTCI）的关系

3. PMV 指标修正

经回归分析得出不同街区受访者的平均热感觉与 PMV 之间的关系，并得到平均热感觉与 PMV 的一元回归方程（表 3-42、图 3-68）。通过回归方程可以计算出大栅栏地区、南锣鼓巷地区、什刹海地区、法源寺地区、东四三条至八条地区和阜成门内大街地区的 PMV 中性值分别为 0.84、－0.13、0.57、－1.6、3.32、0.13。其中东四三条至八条地区的 PMV 中性值远高于其他五个街区，且与人体正常热感觉不相符，因此 PMV 不适用于评估东四三条至八条地区的室外热舒适度。

表 3-42　PMV 指标回归分析数据

街区	PMV 回归方程	PMV 中性值	拟合优度（R^2）
大栅栏地区	MTSV＝0.514PMV−0.433	0.84	0.933
南锣鼓巷地区	MTSV＝0.788PMV+0.099	−0.13	0.837
什刹海地区	MTSV＝0.686PMV−0.391	0.57	0.893
法源寺地区	MTSV＝0.363PMV+0.579	−1.6	0.818
东四三条至八条地区	MTSV＝1.25PMV−4.150	3.32	0.833
阜成门内大街地区	MTSV＝0.518PMV+0.069	0.13	0.873

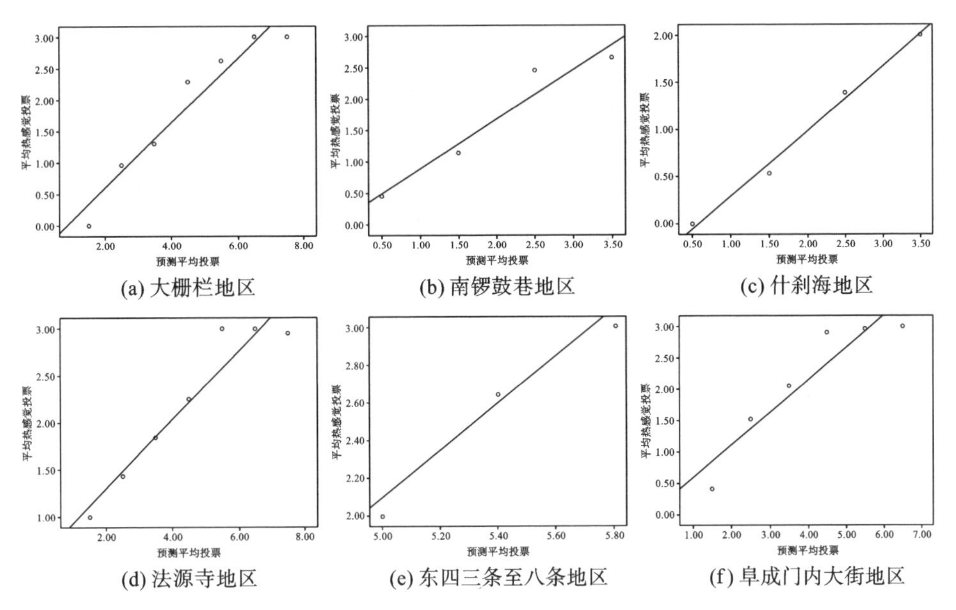

(a) 大栅栏地区　(b) 南锣鼓巷地区　(c) 什刹海地区

(d) 法源寺地区　(e) 东四三条至八条地区　(f) 阜成门内大街地区

图 3-68　平均热感觉投票与预测平均投票（PMV）的关系

4. SET* 指标修正

经回归分析得出不同街区受访者的平均热感觉与 SET* 之间的关系，并得到平均热感觉与 SET* 的一元回归方程（表 3-43、图 3-69）。通过回归方程可以计算出大栅栏地区、南锣鼓巷地区、什刹海地区、法源寺地区、东四三条至八条地区和阜成门内大街地区的 SET* 中性值分别为 17.55 ℃、7.74 ℃、16.71 ℃、2.56 ℃、15.57 ℃、11.9 ℃。其中南锣鼓巷地区、法源寺地区和阜成门内大街地区的 SET* 中性值过小，与人体正常热感觉不相符，且三者的 R^2 值也较低。因此 SET* 不适用于评估南锣鼓巷地区、法源寺地区和阜成门内大街地区的室外热舒适度。

表 3-43　SET* 指标回归分析数据

街区	SET* 回归方程	SET* 中性值	拟合优度（R^2）
大栅栏地区	MTSV = 0.112SET* −1.966	17.55 ℃	0.927
南锣鼓巷地区	MTSV = 0.099SET* −0.766	7.74 ℃	0.821
什刹海地区	MTSV = 0.154SET* −2.573	16.71 ℃	0.909
法源寺地区	MTSV = 0.072SET* −0.184	2.56 ℃	0.726
东四三条至八条地区	MTSV = 0.122SET* −1.9	15.57 ℃	0.869
阜成门内大街地区	MTSV = 0.11SET* −1.309	11.9 ℃	0.790

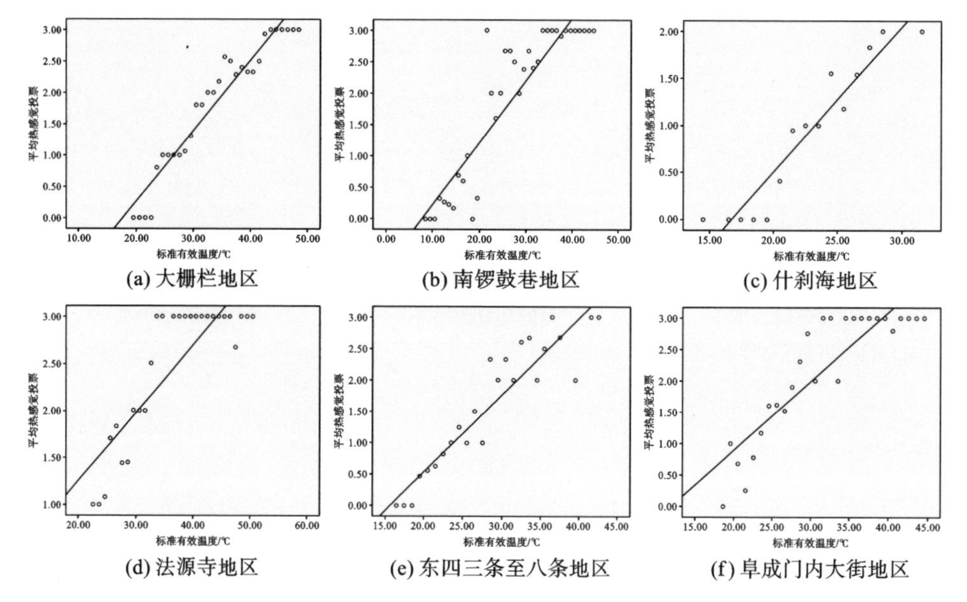

图 3-69　平均热感觉投票与标准有效温度（SET*）的关系

5. 老城地区热舒适度指标选择及修正结果

将六个街区的平均热感觉和热舒适度进行汇总，形成老城地区热舒适度修正的基础数据库，经回归分析得出老城地区 PET、UTCI、PMV 和 SET* 的中性值分别为 15.72 ℃、20.59 ℃、0.46 和 9.90 ℃（表 3-44、图 3-70）。对比拟合优度（R^2）可以发现，在六个街区和老城地区中 UTCI 的 R^2 值均高于其他热舒适度指标（表 3-45）。通过上述各个历史街区热舒适度指标内部对比可以看出，PET、PMV 和 SET* 均有部分街区不适用，而 UTCI 对六个历史街区均有较高的适用性。综上所述，确定 UTCI 为老城历史街区热舒适度评价指标，并且在后面均使用修正的 UTCI 热舒适度分级范围作为评价标准（图 3-71）。

表 3-44　四个热舒适度指标回归分析汇总

指标	热舒适度回归方程	中性值	拟合优度（R^2）
PET	MTSV＝0.079PET－1.242	15.72 ℃	0.897
UTCI	MTSV＝0.118 UTCI－2.430	20.59 ℃	0.961
PMV	MTSV＝0.434PMV+0.198	0.46	0.925
SET*	MTSV＝0.089SET*－0.881	9.90 ℃	0.918

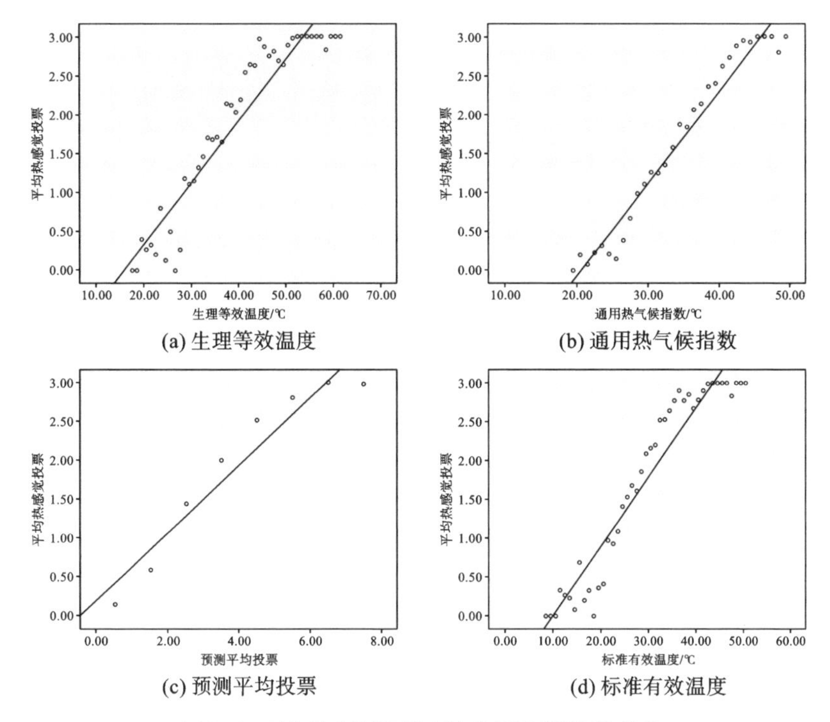

图 3-70　平均热感觉投票与四个热舒适度指标的关系

表 3-45　拟合优度汇总

街区	R^2			
	PET	UTCI	PMV	SET*
大栅栏地区	0.886	0.975	0.933	0.927
南锣鼓巷地区	0.822	0.865	0.837	0.821
什刹海地区	0.924	0.953	0.893	0.909
法源寺地区	0.824	0.838	0.818	0.726
东四三条至八条地区	0.820	0.957	0.833	0.869
阜成门内大街地区	0.753	0.906	0.873	0.790
老城地区	0.897	0.961	0.925	0.918

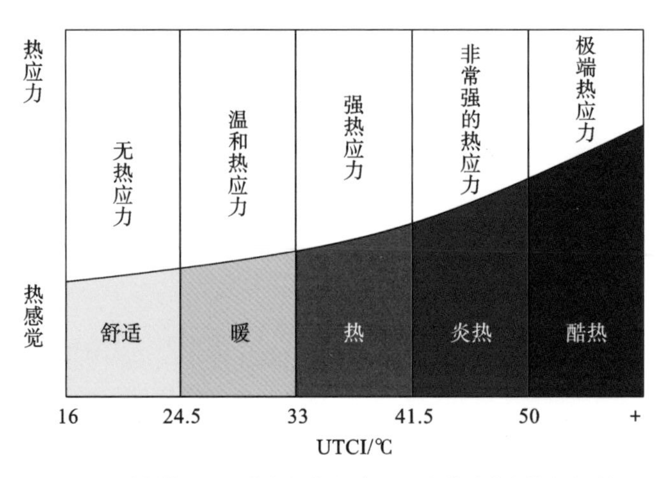

图 3-71 老城地区通用热气候指数（UTCI）热感觉和热应力分级

第五节　北京老城典型历史街区空间热舒适度评测

所有街道模拟均设置同一初始条件，模拟开始时间为 2018 年 7 月 15 日 9：00，共计 10 h，模拟粗糙度长度采用系统默认值 0.01，模拟太阳辐射系数为 1，模拟云量为0。设置初始空气温度为29.5 ℃，初始风速为1.5 m/s，初始风向为75°，初始相对湿度为50%。

本书选取有代表性的时间点（10：00 和 14：00）的 UTCI 模拟分布图为基础数据，以此研究街道内部热舒适度的分布情况以及影响因素，并利用修正的 UTCI 评价指标对建成街道的热舒适度进行评价。

一、大栅栏地区主要街道热舒适度评价

四条街道 10：00 UTCI 平均值大小顺序为：大栅栏商业街>煤市街选段>杨梅竹斜街>前门大街。14：00 UTCI 平均值大小顺序为：大栅栏商业街>杨梅竹斜街>煤市街选段>前门大街。可以看出前门大街的整体热舒适度状况最好，杨梅竹斜街和煤市街选段居中，大栅栏商业街最差，进而根据每条街道的热舒适度分布状况进行精细化评价。

杨梅竹斜街街道内部以暖区、热区和炎热区为主。10：00，暖区占比 41.18%，

热区占比 58.82%，在街道中暖区主要呈线性分布和片状分布。暖区的线性分布集中在沿东南侧的街道。暖区片状区域大致为 3 片，第 1 片位于街道西南侧，第 2 片位于中部偏西南，第 3 片位于街道西南侧。其中第 1 片和第 2 片暖区的形成原因，主要是这两片区域的东南侧建筑较高，街道高宽比较大。第 3 片主要是由于该区域周边植物较多，绿化覆盖率高。14：00，热区占比 83.82%，炎热区占比 16.18%，炎热区主要集中在街道的两端，均呈片状分布（图 3-72）。

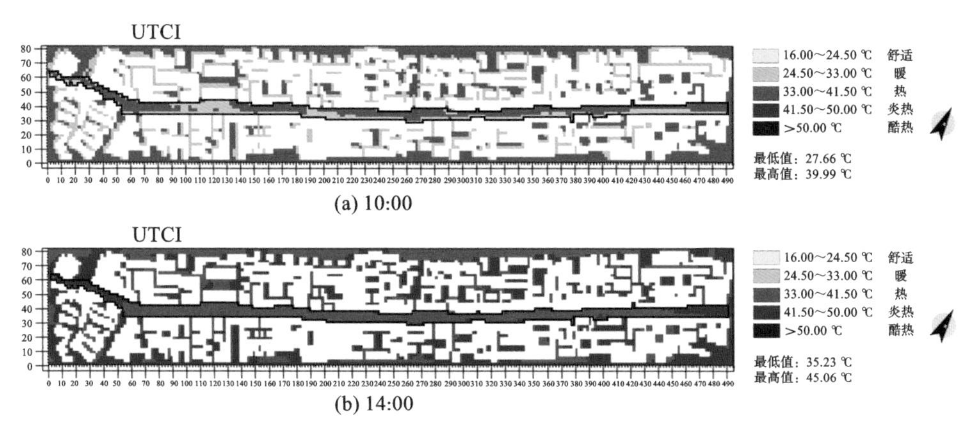

图 3-72　杨梅竹斜街 10：00 和 14：00 UTCI 模拟分布图

前门大街街道内部以暖区、热区和炎热区为主。10：00，暖区占比 76.03%，热区占比 23.97%，热区主要呈片状分布和连续点状分布。热区片状分布位于街道北部的起始处。热区连续点状分布集中在街道北部及中部的中心线区域。14：00，暖区占比 4.07%，热区占比 93.99%，炎热区占比 1.94%，暖区呈连续点状分布，集中在街道南部的中心线区域。炎热区集中在街道北部开端处（图 3-73）。

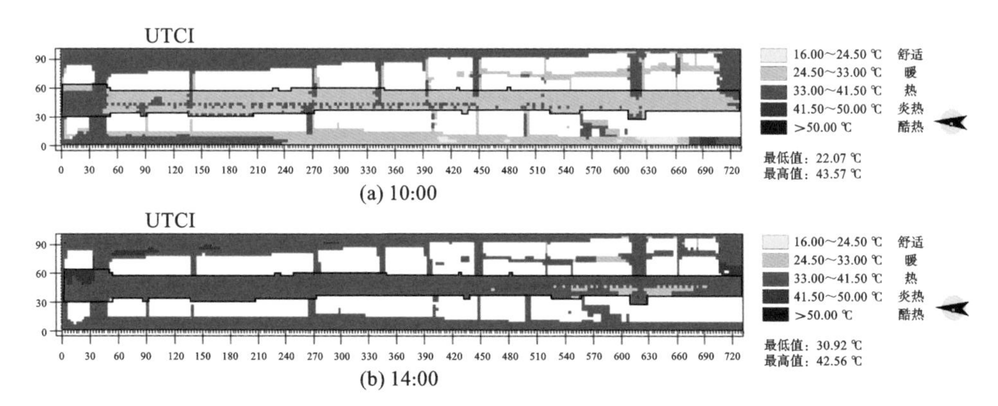

图 3-73　前门大街 10：00 和 14：00 UTCI 模拟分布图

大栅栏商业街街道内部以暖区、热区和炎热区为主。10：00，暖区占比18.20%，热区占比79.38%，炎热区占比2.42%。暖区呈线性分布，主要集中在街道南侧。炎热区呈点状分布，分布区域集中在街道北侧凹空间内。14：00，热区占比40.31%，炎热区占比59.69%。大致以街道中心线为界，偏北为炎热区，偏南为热区（图3-74）。

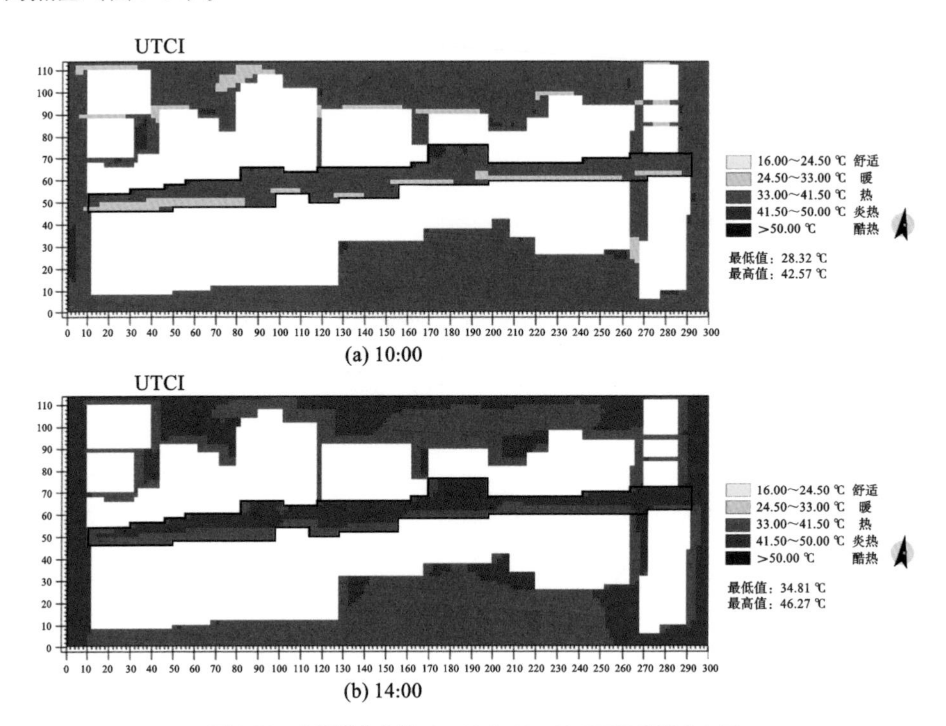

图3-74　大栅栏商业街10：00和14：00 UTCI模拟分布图

煤市街选段街道内部以暖区、热区和炎热区为主。10：00，暖区占比23.47%，热区占比76.53%，暖区呈连续片状分布，主要集中在街道东部，少量集中在西部。14：00，热区占比56.41%，炎热区占比43.59%。炎热区域呈连续片状分布形态，主要集中在街道中心线附近（图3-75）。

综上所述，大栅栏地区主要街道的热舒适度分区为暖区、热区和炎热区。对比街道热舒适度状况和街道空间形态可以看出，街道UTCI指数与绿化覆盖率呈负相关关系，即绿化覆盖率越高，UTCI指数越低，热舒适度状况越好；街道UTCI指数与街道高宽比和建筑阴影率无明显相关性（表3-46）。由此可见，绿化对大栅栏地区建成街道的热舒适度状况影响较为明显。这主要是由于大栅栏地区街道绿化状况参差不齐，新改造的前门大街街道较宽，增加了许多国槐和种植钵，提升了街道绿化覆盖率；而其他街道空间较窄，没有种植绿化空间。因此在未来大栅栏地区街道改造中可以适当加入垂直绿化，从而改善街道内部热舒适度状况。

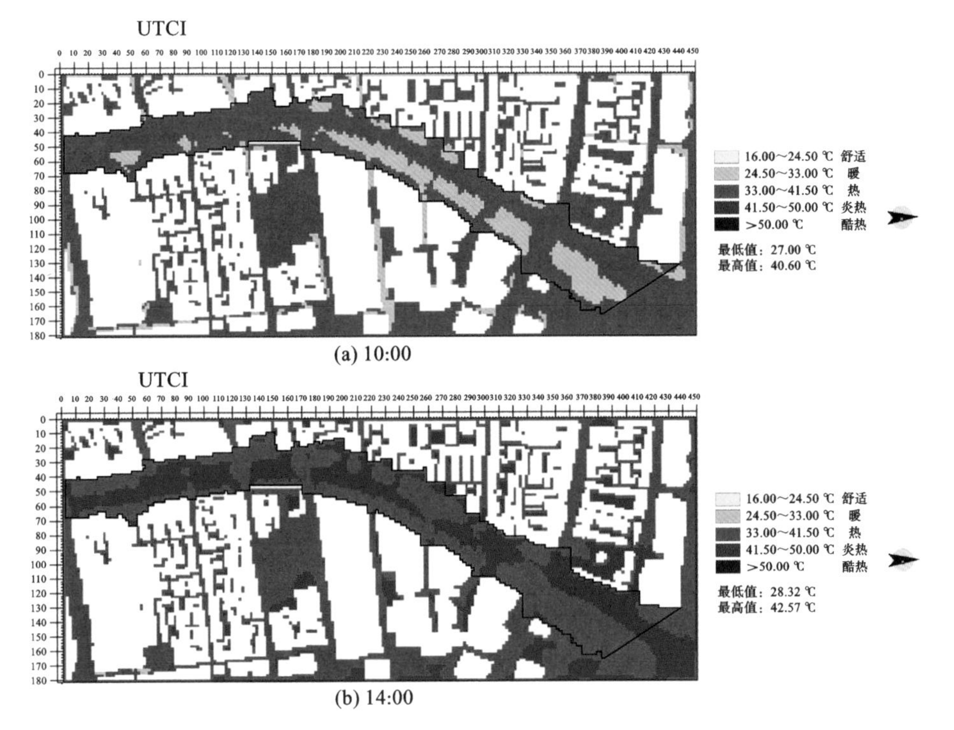

图 3-75　煤市街选段 10：00 和 14：00 UTCI 模拟分布图

表 3-46　大栅栏地区主要街道热舒适度评价与街道空间要素数据

街道	10：00 UTCI 平均值 /℃	10：00 热感觉评价	14：00 UTCI 平均值 /℃	14：00 热感觉评价	街道走向	街道高宽比	绿化覆盖率	10：00 阴影率	14：00 阴影率
杨梅竹斜街	32.89	暖	39.95	热	东北向西南	0.92	4.00%	62.15%	29.48%
前门大街	30.23	暖	35.95	热	南北	0.43	22.50%	25.77%	21.91%
大栅栏商业街	36.94	热	41.13	热	东西	1.07	0.52%	36.84%	26.32%
煤市街选段	35.6	热	39.57	热	南北	0.28	10.45%	10.17%	8.01%

二、南锣鼓巷地区主要街道热舒适度评价

三条街道10：00 UTCI平均值大小顺序为：南锣鼓巷>黑芝麻胡同>北兵马司胡同。14：00 UTCI平均值大小顺序为：黑芝麻胡同>北兵马司胡同>南锣鼓巷。

南锣鼓巷街道内部以暖区、热区和炎热区为主。10：00，暖区占比64.75%，热区占比35.25%。热区呈片状分布和点状分布两种形态，片状分布位于街道中段，与暖区穿插分布。点状分布集中在街道南北两端的中心线区域。14：00，热区占比97.15%，炎热区占比2.85%（图3-76）。

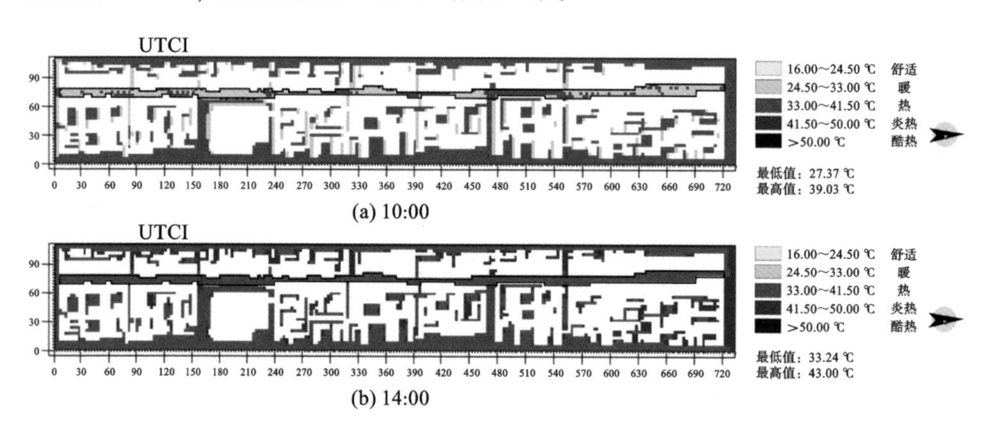

图3-76　南锣鼓巷10：00和14：00 UTCI模拟分布图

黑芝麻胡同街道内部以暖区、热区和炎热区为主。10：00，暖区占比31.54%，热区占比68.46%，暖区呈线性分布和点状分布。暖区线性分布位于街道南侧，点状分布主要集中在街道北侧。14：00，热区占比99.72%，炎热区占比0.28%（图3-77）。

北兵马司胡同街道内部以暖区、热区和炎热区为主。10：00，暖区占比56.41%，热区占比43.59%。暖区呈片状分布，共两片区域，一片位于街道西部，另一片位于街道中偏东部。14：00，暖区占比2.57%，热区占比92.00%，炎热区占比5.43%，暖区和炎热区均为片状分布，暖区位于街道西部开端，炎热区位于街道东部开端（图3-78）。

综上所述，南锣鼓巷地区主要街道的热舒适度分区为暖区、热区和炎热区。对比街道热舒适度状况和街道空间形态可以看出，街道UTCI指数与绿化覆盖率无明显相关性；街道UTCI指数与街道高宽比大致呈负相关关系，即街道高宽比越大，UTCI

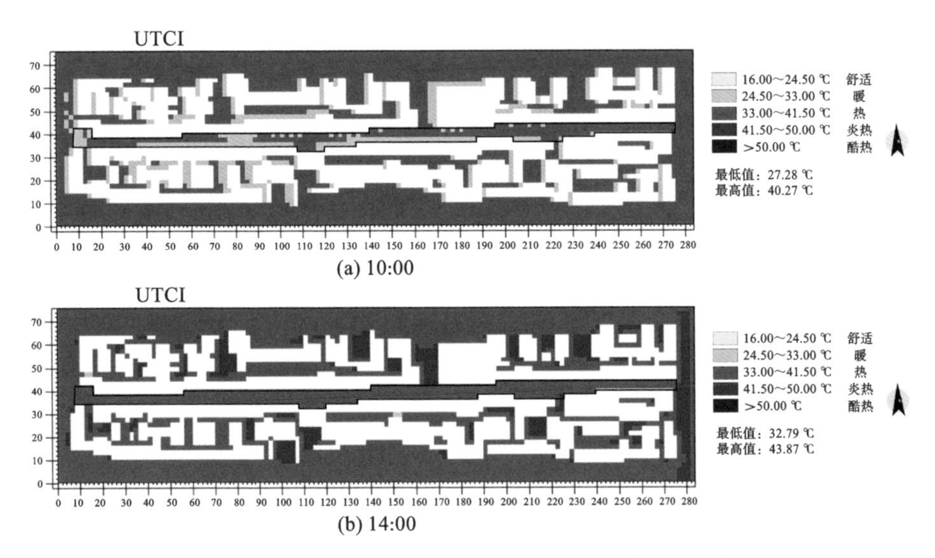

图 3-77　黑芝麻胡同 10：00 和 14：00 UTCI 模拟分布图

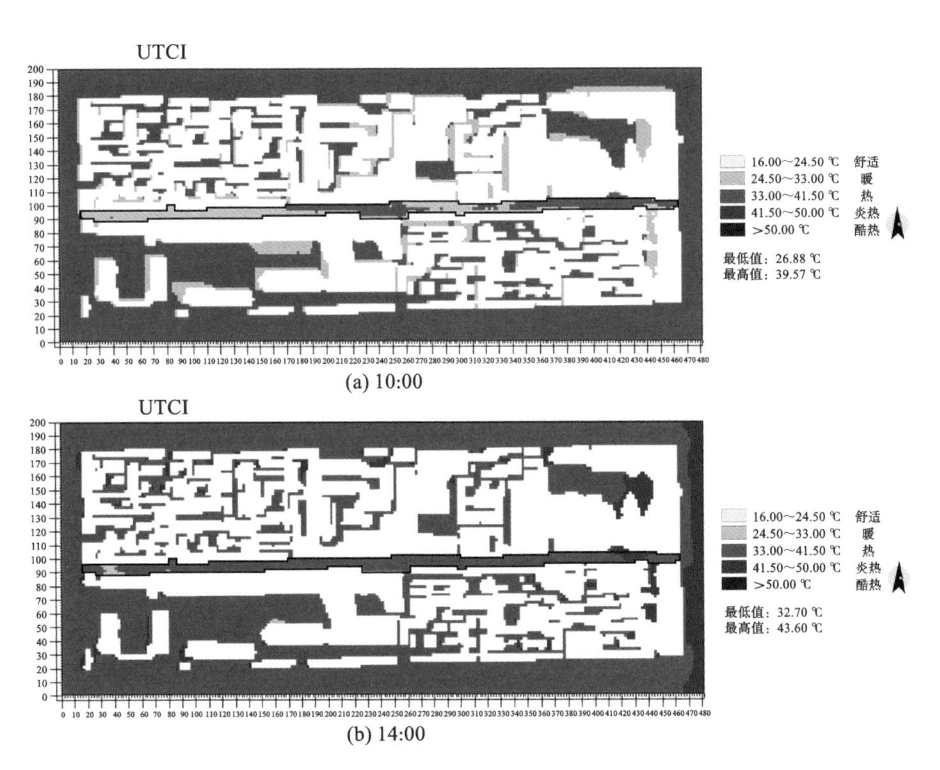

图 3-78　北兵马司胡同 10：00 和 14：00 UTCI 模拟分布图

数值越小（表 3-47）。由此可见，街道高宽比对南锣鼓巷地区建成街道的热舒适度状况影响较为明显。通过对比现状可以发现，黑芝麻胡同和北兵马司胡同均为东西走向，且高宽比较大，形成的阴影区域较大；而南锣鼓巷则为南北走向，高宽比较小，约为 0.6，阴影区域较小。故而在南锣鼓巷地区，相比于绿化产生的遮阳效果，建筑围合产生的阴影区可以更为有效地改善周边环境的热舒适度状况，并对热舒适度的持续增高起到缓解作用，使街道内部的热环境保持在稳定状态。

表 3-47　南锣鼓巷地区主要街道热舒适度评价与街道空间要素数据

街道	10：00 UTCI 平均值 /℃	10：00 热感觉评价	14：00 UTCI 平均值 /℃	14：00 热感觉评价	街道走向	街道高宽比	绿化覆盖率	10：00 阴影率	14：00 阴影率
南锣鼓巷	34.83	热	35.05	热	南北	0.60	42.59%	20.45%	18.57%
黑芝麻胡同	33.64	热	37.23	热	东西	0.72	26.86%	31.3%	29.45%
北兵马司胡同	31.92	暖	36.68	热	东西	0.85	27.00%	31.76%	28.86%

三、什刹海地区主要街道热舒适度评价

四条街道 10：00 UTCI 平均值大小顺序为：烟袋斜街>定阜街>西海南沿选段 1>西海南沿选段 2。14：00 UTCI 平均值大小顺序为：烟袋斜街>定阜街>西海南沿选段 1>西海南沿选段 2。

烟袋斜街街道内部以热区和炎热区为主。10：00，热区占比 85.87%，炎热区占比 14.13%，炎热区呈带状分布，主要集中在街道的东北部。14：00，热区占比 58.62%，炎热区占比 41.38%，炎热区呈片状分布，集中在街道东部和街道凹空间处（图 3-79）。

定阜街街道内部以暖区、热区和炎热区为主。10：00，暖区占比 75.82%，热区占比 24.18%，热区呈片状分布，主要集中在街道西部、中部和东部开端。14：00，热区占比 96.63%，炎热区占比 3.37%，炎热区呈片状分布，位于街道东部开端（图 3-80）。

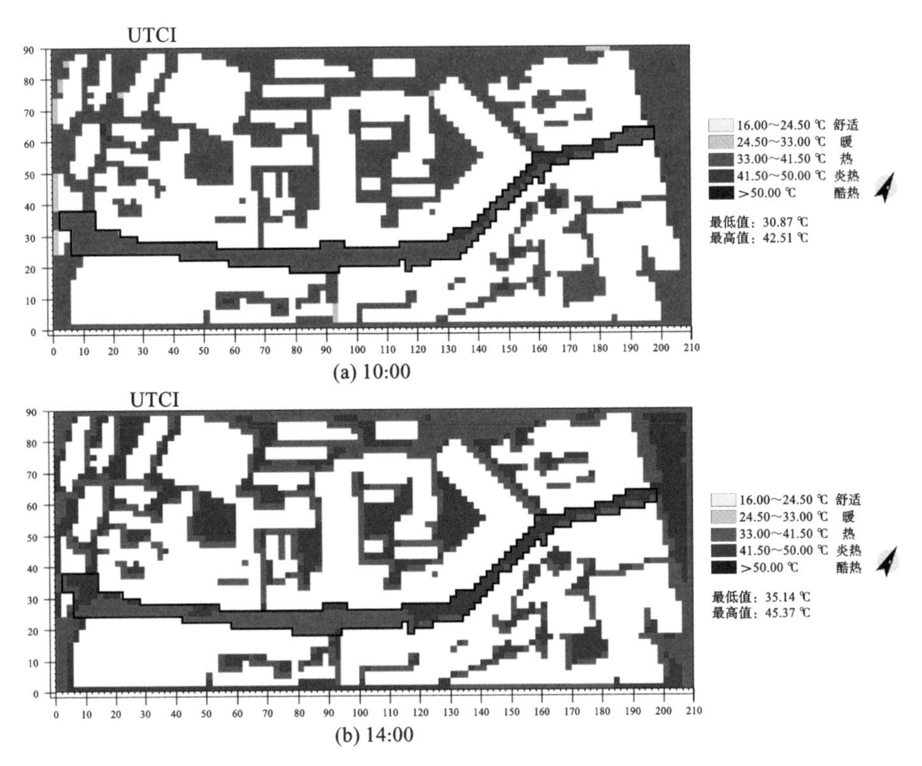

图 3-79 烟袋斜街 10：00 和 14：00 UTCI 模拟分布图

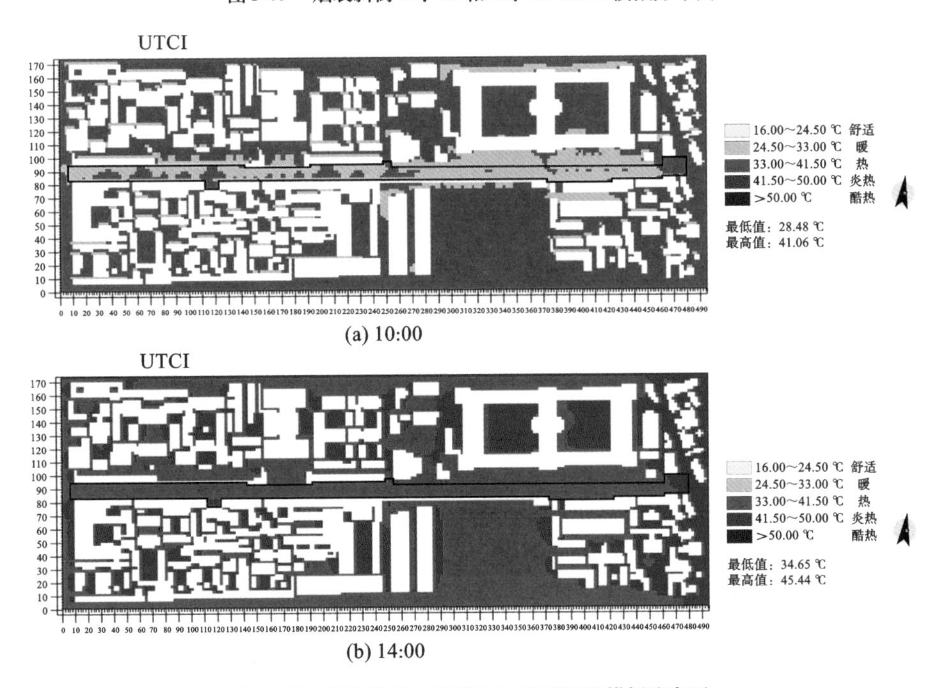

图 3-80 定阜街 10：00 和 14：00 UTCI 模拟分布图

西海南沿选段1街道内部以暖区和热区为主。10：00，暖区占比78.60%，热区占比21.40%，热区呈片状分布，主要集中在街道中部和街道西部街道开端处。14：00，暖区占比30.82%，热区占比69.18%，暖区呈片状分布，主要分布在街道东部和西部（图3-81）。

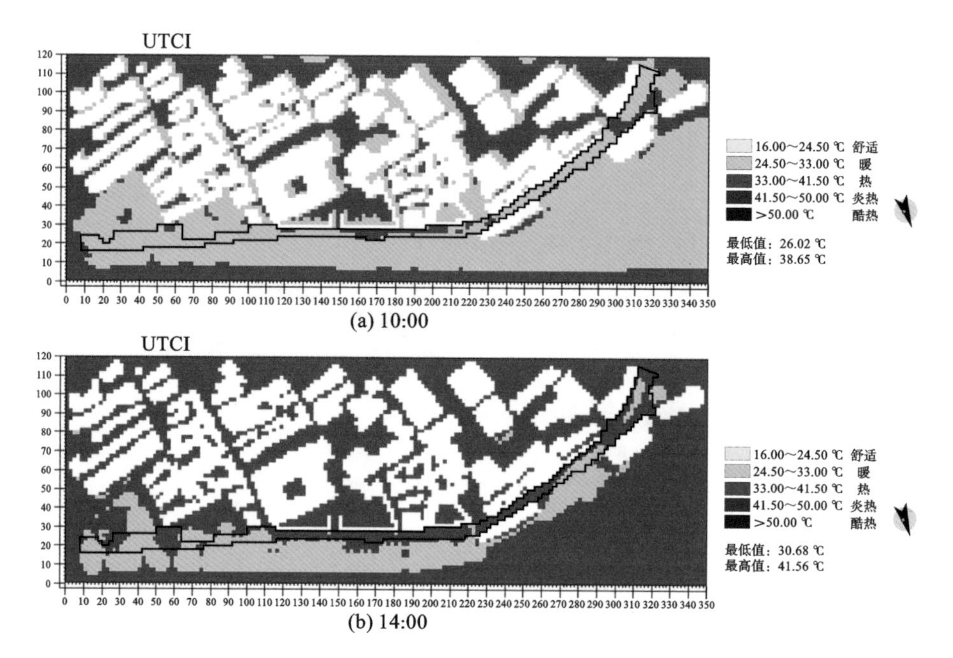

图3-81 西海南沿选段1 10：00和14：00 UTCI模拟分布图

西海南沿选段2街道内部以暖区和热区为主。10：00，暖区占比73.30%，热区占比26.70%，热区呈片状分布，主要集中在街道西北部。14：00，暖区占比55.24%，热区占比44.76%，暖区和热区呈交叉分布模式（图3-82）。

综上所述，什刹海地区主要街道的热舒适度分区为暖区、热区和炎热区。根据现状调研发现，在空间分布上什刹海地区建成街道可以分为临水街道（西海南沿选段1、选段2）和非临水街道（烟袋斜街、定阜街）两种类型。分别对比同一类型街道的热舒适度状况和空间形态可以看出，街道UTCI指数与绿化覆盖率呈负相关关系，即绿化覆盖率越高，UTCI数值越低，街道内部热舒适度状况越好（表3-48）。由此可见，绿化对什刹海地区建成街道的热舒适度状况影响较为明显。根据现状调研及模拟数据，临水街道的整体热舒适度较低，相比非临水街道而言，UTCI值约低5 ℃。这可能是由于单侧临水街道高宽比较低，空间较为开放且街道绿化较好，有利于街道内部空间的散热增湿。

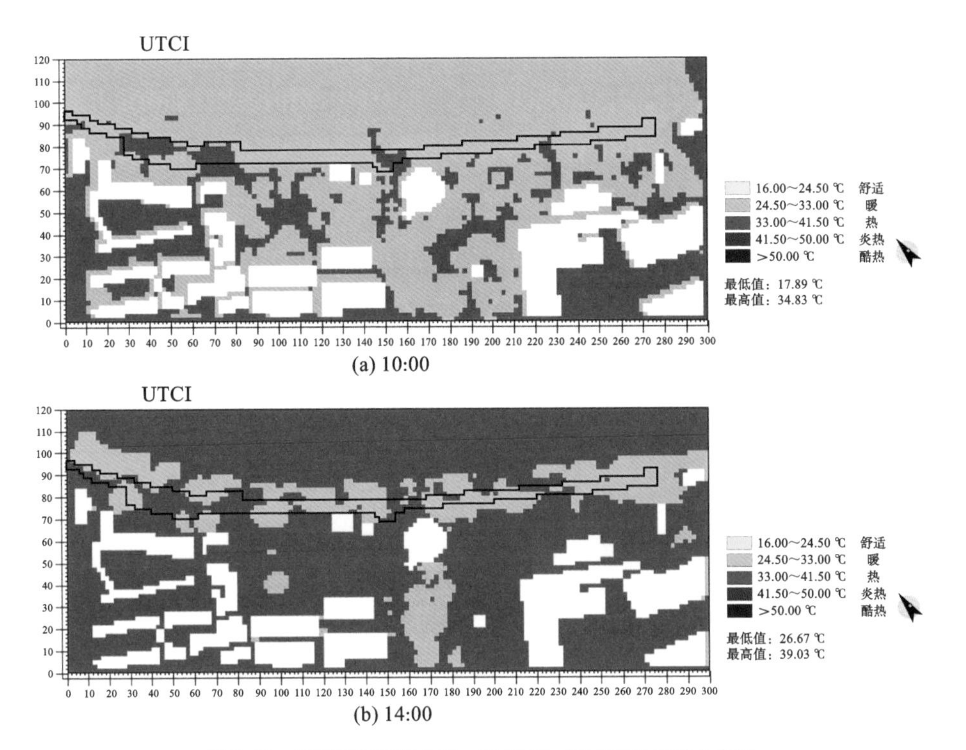

图 3-82　西海南沿选段 2 10：00 和 14：00 UTCI 模拟分布图

表 3-48　什刹海地区主要街道热舒适度评价与街道空间要素数据

街道	10：00 UTCI 平均值 /℃	10：00 热感觉评价	14：00 UTCI 平均值 /℃	14：00 热感觉评价	街道走向	街道高宽比	绿化覆盖率	10：00 阴影率	14：00 阴影率
烟袋斜街	38.1	热	39.78	热	西北东南	0.74	0.00	23.10%	26.76%
定阜街	31.91	暖	37.49	热	东西	0.42	66.21%	9.48%	5.97%
西海南沿选段 1	30.52	暖	34.77	热	西北东南	0.69	9.16%	2.35%	12.28%
西海南沿选段 2	29.21	暖	32.43	暖	西北东南	0.18	19.71%	0.00	0.00

四、法源寺地区主要街道热舒适度评价

两条街道 10：00 UTCI 平均值大小顺序为：南半截胡同>法源寺前街。14：00

UTCI 平均值大小顺序为：南半截胡同>法源寺前街。

法源寺前街街道内部以暖区和热区为主。10：00，暖区占比 68.96%，热区占比 31.04%，热区呈片状分布模式，主要集中在街道西部和东部。14：00，暖区占比 15.40%，热区占比 84.60%，暖区呈片状分布模式，主要集中在街道西部和中部（图 3-83）。

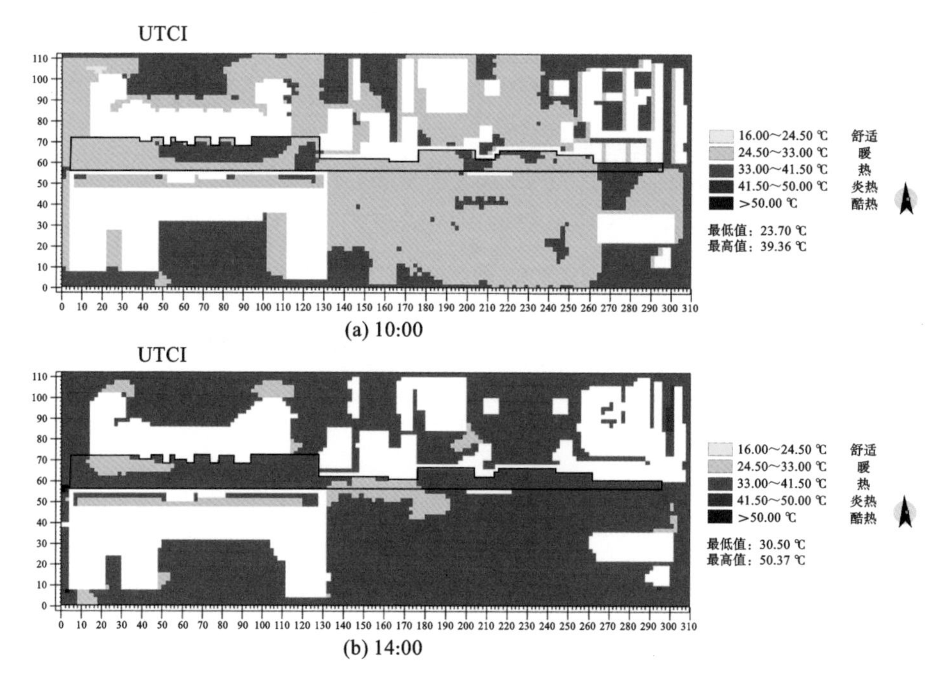

图 3-83　法源寺前街 10：00 和 14：00 UTCI 模拟分布图

南半截胡同街道内部以暖区、热区和炎热区为主。10：00，暖区占比 55.04%，热区占比 44.96%，暖区主要呈片状分布，主要集中在街道南部。14：00，热区占比 40.36%，炎热区占比 59.64%，热区和炎热区呈穿插分布状态（图 3-84）。

综上所述，法源寺地区主要街道的热舒适度分区为暖区、热区和炎热区。对比街道热舒适度状况和街道空间形态可以看出，街道 UTCI 指数与绿化覆盖率、街道高宽比呈负相关关系，即绿化覆盖率、街道高宽比越高，UTCI 数值越低，热舒适度状况越好（表 3-49）。由此可见，绿化与街道形态（街道高宽比）对法源寺地区建成街道的热舒适度状况影响较为明显。

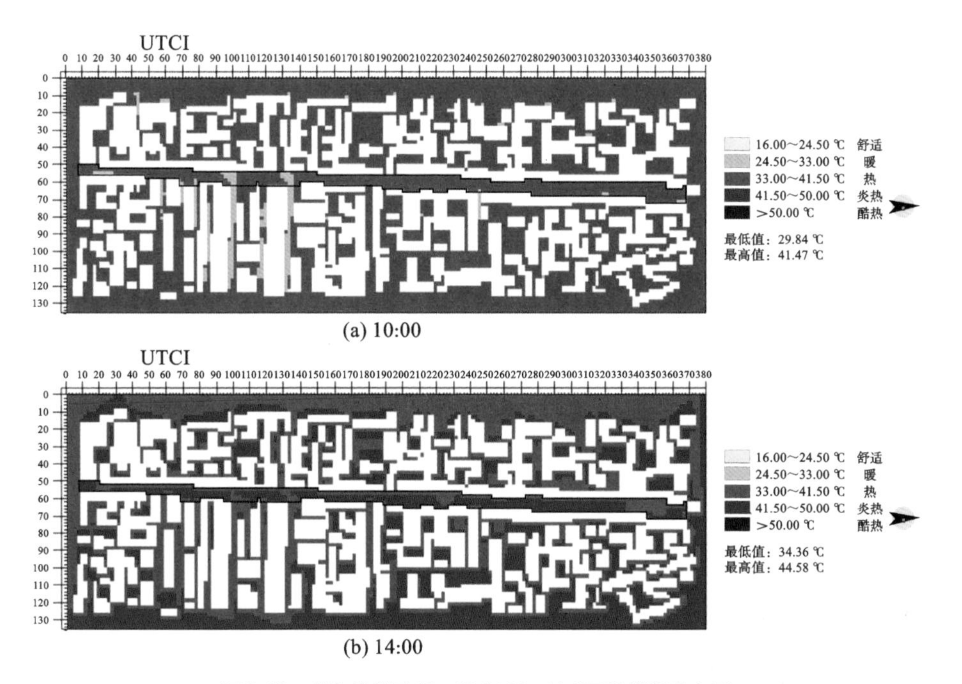

(a) 10:00

(b) 14:00

图 3-84　南半截胡同 10：00 和 14：00 UTCI 模拟分布图

表 3-49　法源寺地区主要街道热舒适度评价与街道空间要素数据

街道	10：00 UTCI 平均值 /℃	10：00 热感觉评价	14：00 UTCI 平均值 /℃	14：00 热感觉评价	街道走向	街道高宽比	绿化覆盖率	10：00 阴影率	14：00 阴影率
法源寺前街	34.18	热	35.4	热	东西	0.62	20.57%	5.80%	6.86%
南半截胡同	36.71	热	40.38	热	南北	0.61	5.55%	31.50%	28.90%

对比两条街道的现状及实测调研发现，法源寺前街的绿化覆盖率较大，为 20.57%，在街道南侧还存在一片开放绿地，而南半截胡同的绿化状况较差，不能提供大面积的绿化遮蔽区，导致法源寺前街的空气温度和太阳辐射均低于南半截胡同，而相对湿度高于南半截胡同。可以看出，植物的遮蔽、吸收、蒸腾等作用，影响了街道内部的温度环境、湿度环境和辐射环境，从而对热舒适度状况产生了一定影响。

五、东四三条至八条地区主要街道热舒适度评价

三条街道 10：00 UTCI 平均值大小顺序为：东四六条>南板桥胡同>东四四条。14：00 UTCI 平均值大小顺序为：东四六条>南板桥胡同>东四四条。

东四四条街道内部以暖区、热区和炎热区为主。10：00，暖区占比 68.04%，热区占比 31.96%，热区与暖区呈交叉分布模式。14：00，热区占比 99.50%，炎热区占比 0.50%，街道内部均为热区（图 3-85）。

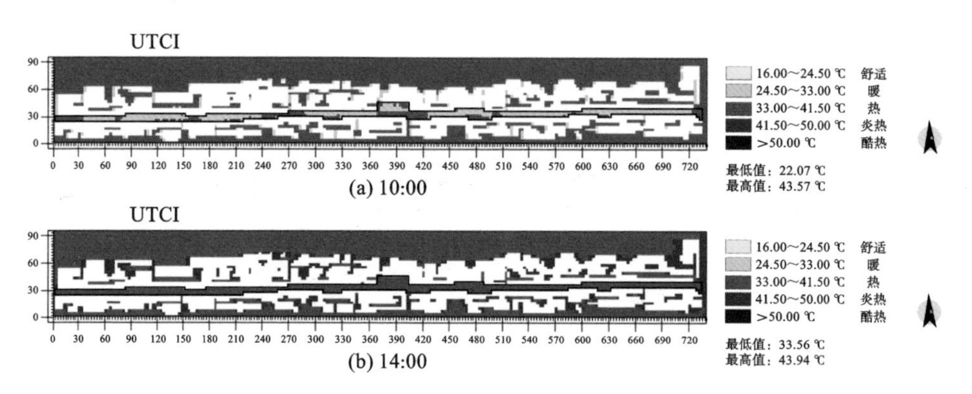

图 3-85　东四四条 10：00 和 14：00 UTCI 模拟分布图

南板桥胡同街道内部以暖区、热区和炎热区为主。10：00，暖区占比 67.37%，热区占比 32.63%，热区呈片状分布模式，与暖区呈交叉分布模式。14：00，热区占比 76.76%，炎热区占比 23.24%，炎热区呈片状分布模式，主要集中在街道的凹空间处（图 3-86）。

东四六条街道内部以热区和炎热区为主。10：00，热区占比 64.64%，炎热区占比 35.36%，炎热区主要呈片状分布模式，主要集中在街道中部。14：00，热区占比 28.47%，炎热区占比 71.53%，热区与炎热区呈交叉分布，炎热区主要集中在街道北部（图 3-87）。

综上所述，东四三条至八条地区主要街道的热舒适度分区为暖区、热区和炎热区。对比街道热舒适度状况和街道空间形态可以看出，街道 UTCI 指数与绿化覆盖率呈负相关关系，即绿化覆盖率越高，UTCI 指数越低，热舒适度状况越好；街道 UTCI 指数与街道高宽比和建筑阴影率无明显相关性（表 3-50）。由此可见，绿化对东四三条至八条地区建成街道的热舒适度状况影响较为明显，主要原因是东四三条至八条地区主要街道走向和建筑平均高度较为相似，绿化种类与种植层次对街道内部的温湿度环境、辐射环境、风环境产生极大影响，从而改变了热舒适度状况。

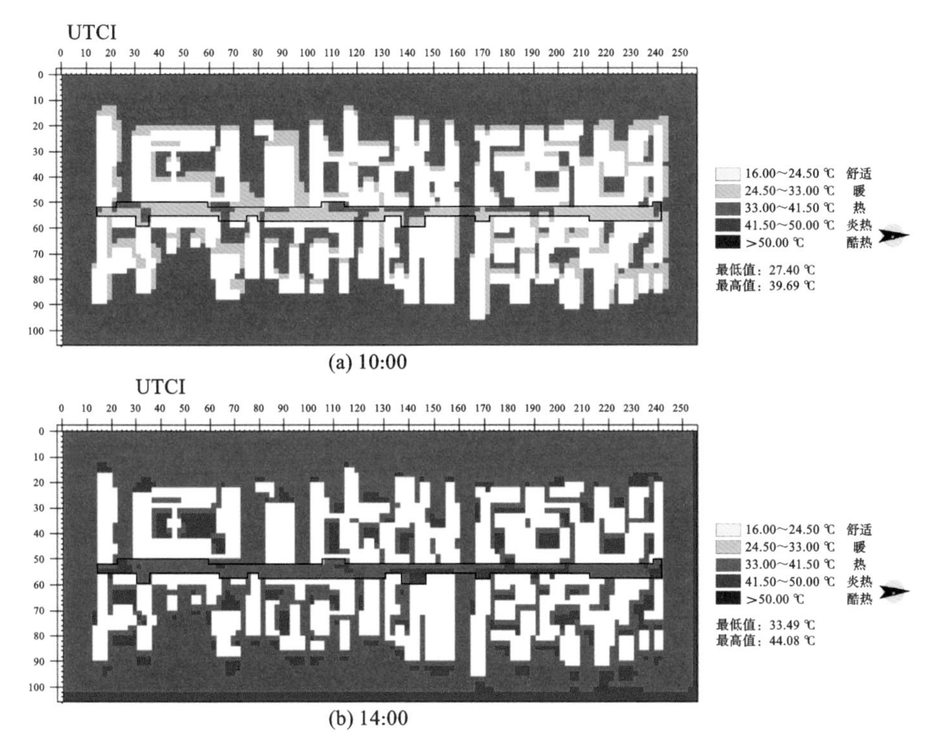

图 3-86　南板桥胡同 10：00 和 14：00 UTCI 模拟分布图

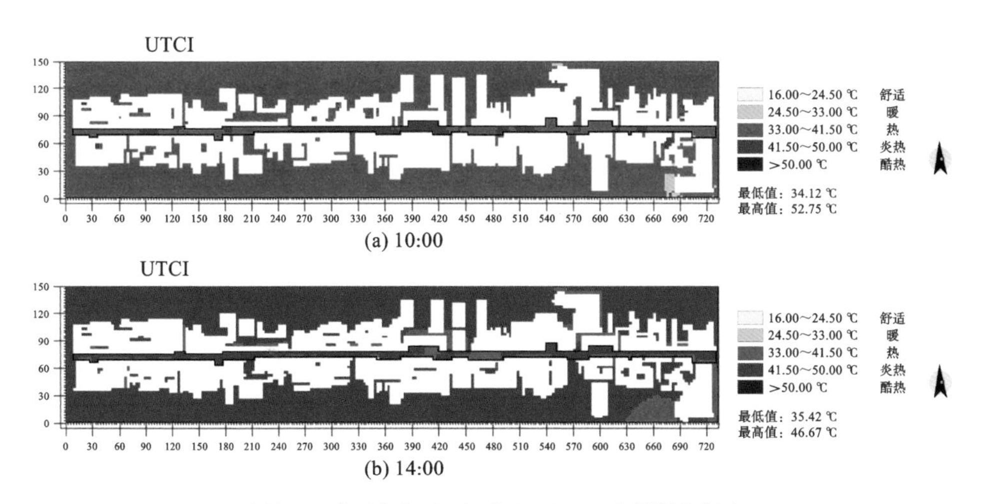

图 3-87　东四六条 10：00 和 14：00 UTCI 模拟分布图

表 3-50　东四三条至八条地区主要街道热舒适度评价与街道空间要素数据

街道	10：00 UTCI 平均值 /℃	10：00 热感觉评价	14：00 UTCI 平均值 /℃	14：00 热感觉评价	街道走向	街道高宽比	绿化覆盖率	10：00 阴影率	14：00 阴影率
东四四条	32.78	暖	33.88	热	东西	0.64	41.48%	17.32%	15.88%
南板桥胡同	33.29	热	38.59	热	南北	0.94	35.00%	39.52%	33.08%
东四六条	40.63	热	42.68	炎热	东西	0.57	4.00%	15.15%	15.17%

六、阜成门内大街地区主要街道热舒适度评价

三条街道 10：00 UTCI 平均值大小顺序为：西四北头条>阜成门内北街>庆丰胡同。14：00 UTCI 平均值大小顺序为：西四北头条>阜成门内北街>庆丰胡同。

阜成门内北街街道内部以暖区和热区为主。10：00，暖区占比 84.63%，热区占比 15.37%，热区呈片状分布，主要集中在街道中部和北部。14：00，热区占比 100%（图 3-88）。

庆丰胡同街道内部以舒适区、暖区和热区为主。10：00，舒适区占比 1.60%，暖区占比 62.77%，热区占比 35.63%。14：00，暖区占比 40.75%，热区占比 59.25%，街道内部均为热区（图 3-89）。

西四北头条街道内部以暖区、热区和炎热区为主。10：00，暖区占比 12.50%，热区占比 87.50%，暖区呈片状分布，主要集中在街道中部偏西处。14：00，热区占比 48.55%，炎热区占比 51.45%，热区和炎热区呈穿插分布模式（图 3-90）。

综上所述，阜成门内大街地区主要街道的热舒适度分区为舒适区、暖区、热区和炎热区。对比街道热舒适度状况和街道空间形态可以看出，街道 UTCI 指数与建筑阴影率呈负相关关系，即建筑阴影率越大，热舒适度状况越好；街道 UTCI 指数与绿化覆盖率和街道高宽比无明显相关性（表 3-51）。由此可见，街道的形态形成的阴影面积对阜成门内大街地区建成街道的热舒适度状况影响较为明显。

10：00 与 14：00 时 19 条街道 UTCI 平均值与热感觉评价汇总如表 3-52 所示。

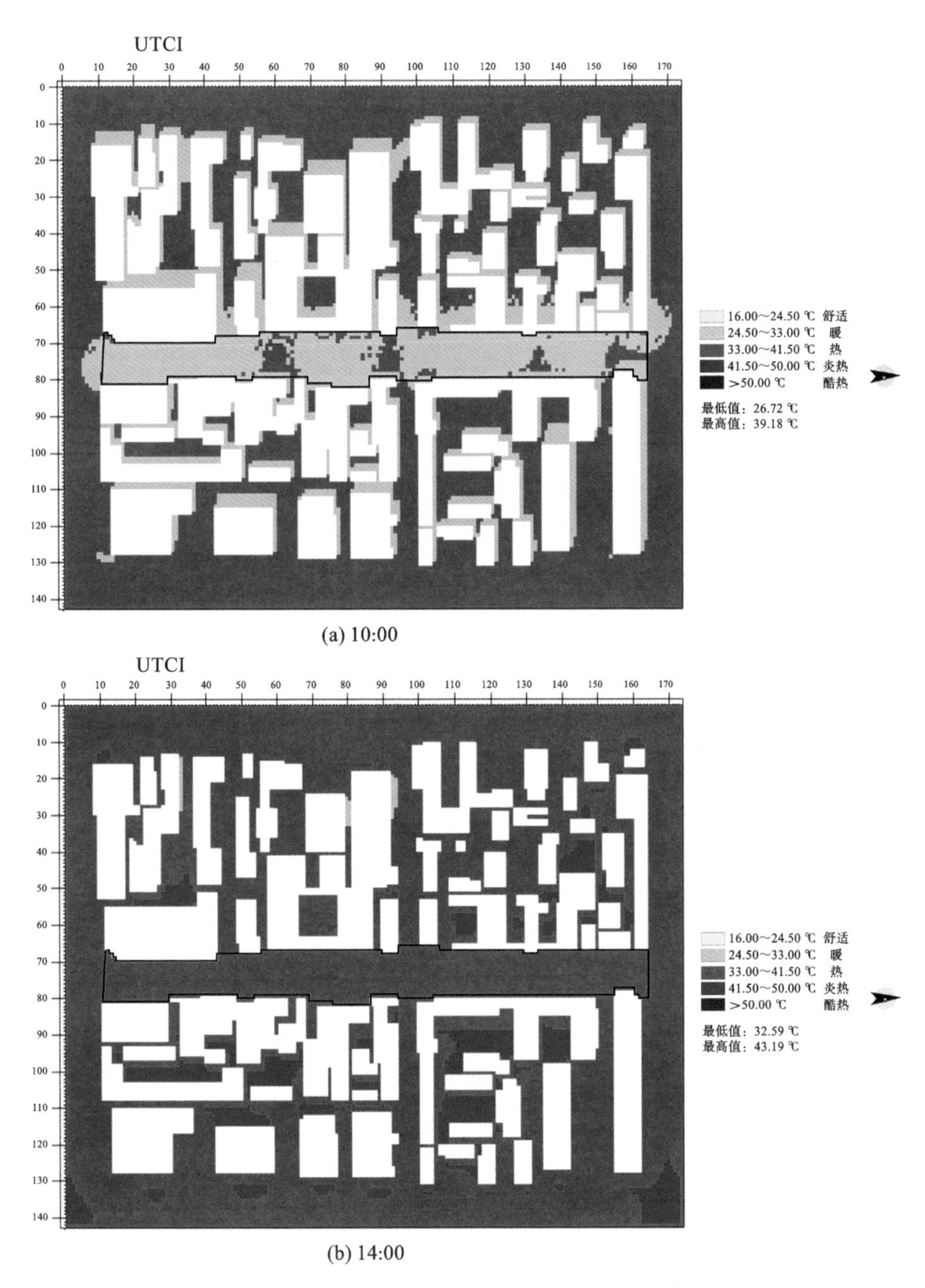

图 3-88　阜成门内北街 10：00 和 14：00 UTCI 模拟分布图

图 3-89　庆丰胡同 10：00 和 14：00 UTCI 模拟分布图

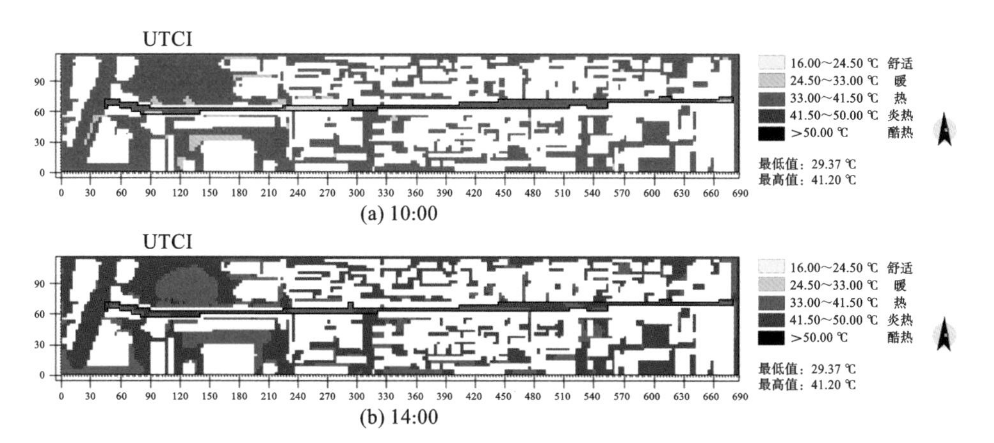

图3-90　西四北头条10：00和14：00 UTCI模拟分布图

表3-51　阜成门内大街地区主要街道热舒适度评价与街道空间要素数据

街道	10：00 UTCI 平均值/℃	10：00 热感觉评价	14：00 UTCI 平均值/℃	14：00 热感觉评价	街道走向	街道高宽比	绿化覆盖率	10：00 阴影率	14：00 阴影率
阜成门内北街	31.98	暖	36.79	热	南北	0.56	91.30%	17.38%	20.63%
庆丰胡同	30.38	暖	34.28	热	南北	0.60	17.45%	26.67%	36.11%
西四北头条	36.54	热	38.81	热	东西	0.96	7.10%	24.50%	18.32%

表3-52　10：00与14：00 19条街道UTCI平均值与热感觉评价汇总

街道	10：00 UTCI 平均值/℃	10：00 热感觉评价	14：00 UTCI 平均值/℃	14：00 热感觉评价
杨梅竹斜街	32.89	暖	39.95	热
前门大街	30.23	暖	35.95	热
大栅栏商业街	36.94	热	41.13	热
煤市街选段	35.60	热	39.57	热
南锣鼓巷	34.83	热	35.05	热
黑芝麻胡同	33.64	热	37.23	热
北兵马司胡同	31.92	暖	36.68	热
烟袋斜街	38.10	热	39.78	热

续表

街道	10：00 UTCI 平均值/℃	10：00 热感觉评价	14：00 UTCI 平均值/℃	14：00 热感觉评价
定阜街	31.91	暖	37.49	热
西海南沿选段1	30.52	暖	34.77	热
西海南沿选段2	29.21	暖	32.43	暖
法源寺前街	34.18	热	35.40	热
南半截胡同	36.71	热	40.38	热
东四四条	32.78	暖	33.88	热
南板桥胡同	33.29	热	38.59	热
东四六条	40.63	热	42.68	炎热
阜成门内北街	31.98	暖	36.79	热
庆丰胡同	30.38	暖	34.28	热
西四北头条	36.54	热	38.81	热

参考文献

[1] 王嫣然，张学霞，赵静瑶，等. 2013—2014 年北京地区 $PM_{2.5}$ 时空分布规律及其与植被覆盖度关系的研究[J]. 生态环境学报，2016，25（1）：103-111.

[2] 杜吴鹏，房小怡，刘勇洪，等. 面向特大城市的风环境容量指标和区划初探——以北京为例[J]. 气候变化研究进展，2017，13（6）：526-533.

[3] 郑祚芳，张秀丽. 北京地区地面太阳辐射长期演变特征[J]. 太阳能学报，2013，34（10）：1829-1834.

[4] 中国共产党北京市委员会，北京市人民政府. 北京城市总体规划（2016 年—2035 年）[M]. 北京：中国建筑工业出版社，2019.

[5] 朱永杰. 北京历史文化街区保护方法研究[J]. 中国名城，2014（10）：66-72.

[6] 杨鑫，贺爽，卢薪升. 基于软件模拟的北京老城区公共空间热舒适度评测研究——以白塔寺片区 6 条胡同为例[J]. 城市建筑，2018（6）：51-56.

[7] 秦文翠. 街区尺度上的城市微气候数值模拟研究[D]. 重庆：西南大学，2015.

第四章

历史街区热舒适度改善提升的应用探索

第一节　网格化分解应用

网格是一种较为基础的构造形式，广义的网格拥有丰富的内涵，被应用于广阔的领域。在电子信息学中，网格将各种分散的资源进行整合，形成资源访问接口，从而实现网络中存储、分布、异构计算的共享。在设计学中，网格是建立在数学和几何学的基础上的排版辅助方法，让版面具有节奏感与几何美感。

在建筑学中“建筑网格”是建筑通过梁与柱之间的框架结构体系形成的一种网格形式，主要包括空间尺度的把握、轴网的形成运作和建筑表皮的拼贴。“网格”的概念最先由结构主义建筑师阿尔多·凡·艾克（Aldo Van Eyck）提出，他认为网格是进行创造的第一步[1]。而后，建筑大师彼得·埃森曼（Peter Eisenman）也是以网格作为媒介，对建筑平面进行设计和划分的。

在城市规划学中，网格最先起源于18世纪80年代的美国，被用于大地测量和土地划分。随后1785年纽约曼哈顿以70 m×200 m为标准的街区划分，作为城市网格系统的先驱，并被称为“曼哈顿网格”。1859年瑟达（Cerda）提出了巴塞罗那扩展区的规划方案，主要是以1.3万平方米为基础的人居生活网格单元进行道路规划和建筑布局，形成了建筑层数低、密度低的小网格化城市空间布局[2]。在中国，唐长安的里坊制就是网格式的街道布局形式，是中国古代城市规划的典范。

在景观规划方面，网格被用作功能编排和空间组织系统。例如，传统欧洲园林将网格作为结构化元素来使用，并且用作花园底层的组织性结构；拉维莱特公园以“点”“线”“面”相叠加的手法覆盖整个场地[3]，其中“点”是以120 m×120 m的网格排布的构筑物，成为整个场地的基础。在景观生态环境的评价方面，高祥伟、许倍慎、于苏建等人以网格法对城市公园进行划分，利用景观生态格局指数和GIS技术，对公园绿地空间格局特征和生态环境状况进行定量分析[4-6]。

网格法在各行各业均有涉及，应用灵活且广泛。大尺度的网格应用于城市规划、景观规划、景观生态评价等，小尺度的网格用于平面设计、建筑设计等。但是，大的网格满足了城市交通规划和土地划分的功能，却忽略了人对城市的感知。

本文采用的网格法属于小尺度的网格，从大的街区网格向内延伸，织补出更为细致的街道网格，重新回归人性的尺度。研究对象是微观层面的街道空间热舒适度，依据场地原有道路网格系统、建筑体量和人的活动范围，我们以 10 m 为单位对场地进行划分，更为细致地探讨街道空间要素与热舒适度的耦合关系。

根据实地勘测和卫星地图查询，绘制出街道 CAD 图，图纸包含街道两侧建筑、绿化树木和街道铺装，并利用天正 CAD 对街道进行日照分析，本书选取 2018 年 7 月 15 日 10：00 和 14：00 的日照量作为分析数据。而后依据网格法，将街道内部空间划分成若干网格，进而提取出每个网格中街道总面积、街道铺装面积、建筑阴影面积和绿化面积，并计算出铺装率、建筑阴影率和绿化覆盖率。将上述数据进行汇总，再加入 2018 年 7 月 15 日 ENVI-met 模拟计算的 UTCI 数值，作为街道空间要素和热舒适度的基础数据库。

根据第二章对街区类型的划分，本章选取三个不同类型街区的街道作为网格化分解研究的对象，即杨梅竹斜街（大栅栏地区——传统商业型历史街区）、西海南沿选段 1（什刹海地区——文化娱乐型历史街区）、东四四条（东四三条至八条地区——居住型历史街区）。

第二节　建成空间要素与热舒适度耦合关系分析

一、街道空间热舒适度网格化基础分析

根据网格法对街道内部空间进行划分，杨梅竹斜街划分 47 个网格单元，西海南沿选段 1 划分 33 个网格单元，东四四条划分 72 个网格单元，并制成如下街道空间要素与热舒适度的基础数据库（图 4-1 至图 4-3、表 4-1 至表 4-3）。

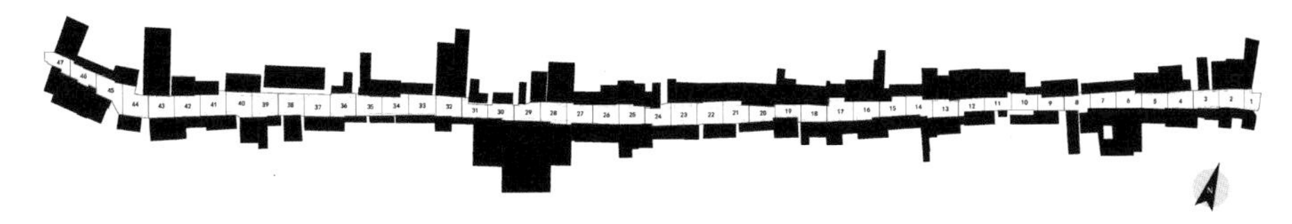

图 4-1　杨梅竹斜街网格划分

表 4-1　杨梅竹斜街网格化基础数据

网格编号	总面积 /m²	10：00 建筑阴影面积 /m²	10：00 建筑阴影率 /（%）	14：00 建筑阴影面积 /m²	14：00 建筑阴影率 /（%）	绿化覆盖面积 /m²	街道高宽比	绿化覆盖率 /（%）	10：00 UTCI /℃	14：00 UTCI /℃
1	42.88	36.23	84.49	10.58	24.67	4.01	0.70	9.4	35.72	43.20
2	69.7	32.79	47.04	15.52	22.27	2.44	0.88	3.5	36.08	45.00
3	68.4	34.71	50.75	27.68	40.47	3.20	1.11	4.7	36.36	42.26
4	62.97	60.78	96.52	28.17	44.74	1.86	1.18	3.0	36.14	42.58
5	57.01	57.01	100.00	33.12	58.10	0.40	1.25	0.7	36.97	40.26
6	61.27	61.27	100.00	33.02	53.89	0.76	1.09	1.2	36.82	40.39
7	57.69	57.69	100.00	23.18	40.18	0.00	1.15	0.0	35.07	43.76
8	59.32	53.80	90.69	17.54	29.57	2.85	1.35	4.8	35.46	43.13
9	51.08	29.26	57.28	14.09	27.58	0.32	0.94	0.6	35.37	43.92
10	59.48	21.47	36.10	34.91	58.69	0.00	1.79	0.0	35.41	43.14
11	49.98	27.65	55.32	13.85	27.71	0.00	1.18	0.0	36.75	44.73
12	51.65	35.73	69.18	14.41	27.90	2.32	1.03	4.5	36.26	43.36
13	63.58	54.80	86.19	31.70	49.86	0.64	0.75	1.0	35.07	40.90
14	68.51	51.78	75.58	17.14	25.02	0.00	0.99	0.0	35.79	45.23
15	64.77	35.27	54.45	13.11	20.24	1.76	0.73	2.7	35.58	45.51
16	66.4	45.06	67.86	11.81	17.79	2.40	0.83	3.6	35.57	45.29
17	80.62	31.77	39.41	14.87	18.44	1.29	0.89	1.6	35.48	46.85
18	62.89	41.08	65.32	23.79	37.83	1.24	0.78	2.0	34.12	42.50
19	49.75	38.73	77.85	14.85	29.85	1.22	0.51	2.5	37.38	43.38
20	56.16	36.62	65.21	11.90	21.19	0.69	0.57	1.2	36.02	46.03
21	78.21	38.08	48.69	20.35	26.02	4.08	0.45	5.2	35.02	43.65
22	81.88	51.01	62.30	15.57	19.02	2.78	0.51	3.4	35.96	45.92
23	81.86	33.62	41.07	14.13	17.26	5.81	0.74	7.1	34.87	43.50
24	69.51	33.12	47.65	18.92	27.22	0.66	1.03	0.9	31.75	44.72

续表

网格编号	总面积/m²	10：00建筑阴影面积/m²	10：00建筑阴影率/（%）	14：00建筑阴影面积/m²	14：00建筑阴影率/（%）	绿化覆盖面积/m²	街道高宽比	绿化覆盖率/（%）	10：00 UTCI/℃	14：00 UTCI/℃
25	71.32	43.77	61.37	21.93	30.75	0.83	0.81	1.2	34.62	43.47
26	71.09	50.08	70.45	24.10	33.90	2.74	0.65	3.9	35.30	42.99
27	71.86	47.53	66.14	24.08	33.51	5.71	0.54	7.9	36.10	42.30
28	77.18	53.53	69.36	24.08	31.20	8.81	0.63	11.4	32.48	42.24
29	65.24	41.66	63.86	20.15	30.89	3.95	0.63	6.1	33.04	42.99
30	57.08	40.44	70.85	22.41	39.26	6.19	0.66	10.8	32.35	42.23
31	56.05	41.06	73.26	20.65	36.84	2.82	0.63	5.0	34.10	42.38
32	74.48	44.27	59.44	22.17	29.77	4.75	0.51	6.4	35.78	43.01
33	76.13	38.18	50.15	15.00	19.70	4.57	0.63	6.0	35.49	44.88
34	72.65	36.02	49.58	17.46	24.03	1.95	0.85	2.7	34.17	44.87
35	75.04	40.33	53.74	20.67	27.55	0.93	0.71	1.2	34.05	44.82
36	85.17	50.60	59.41	29.62	34.78	6.19	0.69	7.3	33.49	42.30
37	81.91	67.37	82.25	22.12	27.01	1.77	0.46	2.2	32.92	43.72
38	80.24	37.10	46.24	17.34	21.61	4.92	0.56	6.1	33.08	44.46
39	87.47	41.81	47.80	14.96	17.10	9.18	0.56	10.5	32.91	42.25
40	90.02	37.22	41.35	16.78	18.64	13.49	0.45	15.0	33.94	41.41
41	81.33	34.45	42.36	13.73	16.88	2.99	0.45	3.7	34.67	46.46
42	77.16	34.72	45.00	13.89	18.00	2.10	0.80	2.7	33.96	46.78
43	80.57	34.41	42.71	11.17	13.86	4.61	0.31	5.7	32.45	46.93
44	97.99	20.44	20.86	13.99	14.28	3.33	0.51	3.4	35.41	46.86
45	95.19	18.25	19.17	30.95	32.51	5.04	0.63	5.3	32.52	42.79
46	61.26	27.09	44.22	24.81	40.50	3.69	2.02	6.0	32.48	42.12
47	53.51	27.09	50.63	43.31	80.94	2.42	1.25	4.5	34.42	42.19

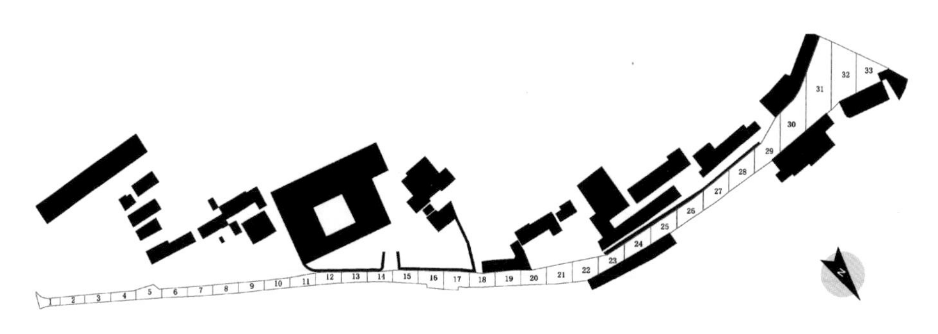

图 4-2　西海南沿选段 1 网格划分

表 4-2　西海南沿选段 1 网格化基础数据

网格编号	总面积 /m²	10：00 建筑阴影面积 /m²	10：00 建筑阴影率 /（%）	14：00 建筑阴影面积 /m²	14：00 建筑阴影率 /（%）	绿化覆盖面积 /m²	街道高宽比	绿化覆盖率 /（%）	10：00 UTCI /℃	14：00 UTCI /℃
1	30.00	0.00	0.00	0.00	0.00	16.80	0.00	56.00	26.73	32.11
2	30.62	0.00	0.00	0.00	0.00	13.67	0.00	44.64	26.99	32.87
3	32.05	0.00	0.00	0.00	0.00	25.07	0.00	78.22	26.69	32.07
4	33.54	0.00	0.00	0.00	0.00	15.12	0.00	45.08	26.54	32.09
5	42.57	0.00	0.00	0.00	0.00	4.82	0.00	11.32	30.05	34.85
6	34.59	0.00	0.00	0.00	0.00	10.05	0.00	29.05	29.05	33.98
7	36.90	0.00	0.00	0.00	0.00	0.80	0.00	2.17	33.27	36.19
8	38.00	0.00	0.00	0.00	0.00	7.68	0.00	20.21	32.43	36.25
9	37.52	0.00	0.00	0.00	0.00	7.99	0.00	21.30	28.84	34.45
10	36.63	0.00	0.00	0.00	0.00	7.72	0.00	21.08	28.99	35.85
11	41.15	0.00	0.00	2.51	6.10	2.33	1.00	5.66	31.65	34.93
12	45.20	0.00	0.00	16.81	37.19	0.00	1.00	0.00	29.08	33.93
13	40.87	0.00	0.00	17.26	42.23	2.34	1.00	5.73	30.88	33.70
14	40.98	0.00	0.00	10.42	25.43	0.00	1.00	0.00	30.12	34.73
15	48.38	0.00	0.00	14.31	29.58	0.00	1.00	0.00	29.18	34.34

续表

网格编号	总面积 /m²	10：00 建筑阴影面积 /m²	10：00 建筑阴影率 /（%）	14：00 建筑阴影面积 /m²	14：00 建筑阴影率 /（%）	绿化覆盖面积 /m²	街道高宽比	绿化覆盖率 /（%）	10：00 UTCI /℃	14：00 UTCI /℃
16	61.43	0.00	0.00	17.44	28.39	3.24	1.00	5.27	28.60	35.03
17	65.57	0.00	0.00	17.59	26.83	0.00	1.00	0.00	32.09	35.96
18	54.44	0.00	0.00	27.79	51.05	0.00	0.67	0.00	32.50	31.99
19	57.58	0.00	0.00	27.67	48.05	0.00	0.83	0.00	31.37	33.43
20	59.60	0.00	0.00	0.00	0.00	4.56	0.86	7.65	30.96	36.37
21	72.60	0.00	0.00	0.00	0.00	0.00	0.76	0.00	30.22	37.10
22	78.76	0.00	0.00	0.00	0.00	0.00	1.10	0.00	34.80	37.12
23	61.73	1.96	3.18	7.37	11.94	0.00	1.20	0.00	31.85	36.07
24	66.66	3.49	5.24	9.17	13.76	9.07	1.20	13.61	31.04	32.60
25	71.06	3.49	4.91	9.17	12.90	10.17	1.20	14.31	28.87	34.90
26	70.62	3.95	5.59	21.53	30.49	10.09	1.20	14.29	29.96	32.08
27	78.89	7.47	9.47	10.16	12.88	11.23	1.09	14.24	29.09	34.64
28	86.07	5.12	5.95	8.65	10.05	10.34	1.09	12.01	28.05	34.67
29	120.31	2.07	1.72	2.02	1.68	10.50	1.09	8.73	28.58	36.00
30	170.84	33.93	19.86	8.63	5.05	29.40	0.94	17.21	27.31	36.10
31	277.15	59.97	21.64	19.61	7.08	21.00	0.87	7.58	27.28	34.40
32	199.83	0.00	0.00	3.25	1.63	31.50	0.83	15.76	31.18	32.69
33	105.26	0.00	0.00	0.00	0.00	20.98	1.00	19.93	31.74	35.28

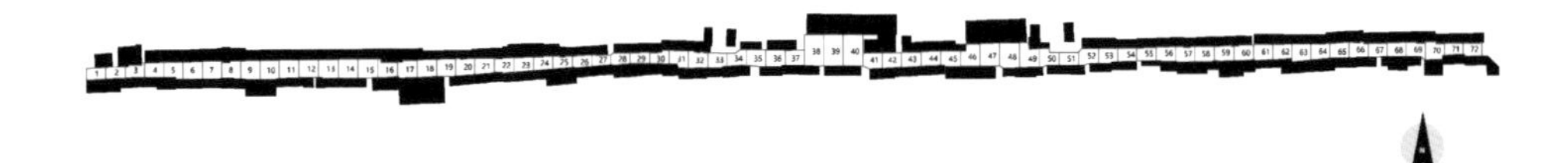

图 4-3　东四四条网格划分

表 4-3　东四四条网格化基础数据

网格编号	总面积/m²	10：00 建筑阴影面积/m²	10：00 建筑阴影率/（%）	14：00 建筑阴影面积/m²	14：00 建筑阴影率/（%）	绿化覆盖面积/m²	街道高宽比	绿化覆盖率/（%）	10：00 UTCI/℃	14：00 UTCI/℃
1	57.62	20.80	36.10	13.87	24.07	0.00	0.98	0.00	31.60	37.03
2	56.90	20.80	36.56	17.13	30.10	0.00	1.04	0.00	30.85	36.40
3	61.60	16.12	26.17	18.60	30.19	0.00	0.83	0.00	32.20	37.70
4	72.31	13.27	18.35	13.70	18.95	0.00	0.69	0.00	34.69	37.47
5	78.23	10.78	13.78	15.84	20.25	33.74	0.59	43.13	33.51	38.06
6	85.47	11.03	12.91	10.62	12.43	20.82	0.53	24.36	32.44	36.88
7	87.67	12.05	13.74	10.47	11.94	25.32	0.53	28.88	32.49	37.83
8	81.46	12.09	14.84	12.00	14.73	0.00	0.43	0.00	35.45	38.98
9	92.17	20.67	22.43	18.15	19.69	0.00	0.40	0.00	35.44	38.83
10	92.87	18.71	20.15	20.50	22.07	19.10	0.62	20.57	31.67	36.14
11	88.20	14.71	16.68	13.46	15.26	35.14	0.53	39.84	31.94	37.26
12	85.84	9.11	10.61	9.89	11.52	24.16	0.43	28.15	34.88	36.61
13	91.18	10.05	11.13	11.88	13.03	38.70	0.45	42.44	34.51	38.66
14	92.23	10.98	11.91	10.37	11.24	35.41	0.43	38.39	33.26	37.52
15	92.79	7.02	7.57	8.08	8.71	40.67	0.40	43.83	35.35	37.31
16	75.72	10.48	13.84	7.46	9.85	50.06	0.55	66.11	31.29	36.33
17	82.13	19.34	23.50	1.74	2.12	0.00	0.55	0.00	31.08	40.56
18	84.91	20.27	23.87	17.64	20.77	30.92	0.65	36.42	31.62	36.26
19	85.90	13.02	15.16	16.11	18.75	39.88	0.62	46.43	32.07	36.43
20	81.80	15.73	19.23	11.56	14.13	37.40	0.55	45.72	32.09	36.60
21	75.92	15.73	20.72	11.36	14.96	38.89	0.89	51.22	30.96	36.19
22	71.06	12.11	17.04	12.47	17.55	32.18	0.83	45.29	31.67	37.49
23	68.34	12.52	18.32	9.15	13.39	0.00	0.40	0.00	36.76	37.91
24	63.80	14.76	23.13	9.50	14.89	0.00	0.68	0.00	34.81	38.68
25	57.65	15.24	26.44	11.35	19.69	0.00	0.77	0.00	35.02	37.42

续表

网格编号	总面积/m²	10：00建筑阴影面积/m²	10：00建筑阴影率/（%）	14：00建筑阴影面积/m²	14：00建筑阴影率/（%）	绿化覆盖面积/m²	街道高宽比	绿化覆盖率/（%）	10：00 UTCI/℃	14：00 UTCI/℃
26	56.69	12.09	21.33	11.09	19.56	0.00	0.66	0.00	35.25	38.65
27	50.82	12.58	24.75	9.00	17.71	0.00	0.68	0.00	34.76	38.03
28	56.25	15.26	27.13	11.30	20.09	0.00	0.64	0.00	33.04	36.79
29	53.72	13.59	25.30	13.06	24.31	0.00	0.69	0.00	34.68	36.48
30	57.64	13.16	22.83	13.94	24.18	34.33	0.84	59.56	31.96	36.13
31	75.82	10.80	14.24	19.67	25.94	54.56	0.81	71.96	31.59	36.68
32	79.56	13.93	17.51	13.28	16.69	58.81	0.92	73.92	31.54	36.61
33	71.56	18.01	25.17	11.85	16.56	26.04	0.89	36.39	30.55	36.89
34	69.42	15.86	22.85	14.31	20.61	35.52	0.84	51.17	31.61	36.93
35	82.08	7.87	9.59	9.96	12.13	46.84	0.57	57.07	34.00	37.90
36	81.44	5.72	7.02	9.98	12.25	52.78	0.51	64.81	34.31	37.52
37	75.69	12.05	15.92	10.91	14.41	50.92	0.54	67.27	30.95	36.36
38	154.95	10.96	7.07	11.07	7.14	57.64	0.57	37.20	36.41	39.00
39	156.51	16.27	10.40	13.13	8.46	49.22	0.64	31.45	34.66	39.16
40	155.19	25.25	16.27	16.30	10.50	48.22	0.65	31.07	35.13	39.43
41	75.37	10.87	14.42	11.31	15.01	0.00	0.71	0.00	35.78	39.57
42	74.32	11.72	15.77	10.24	13.78	0.00	0.45	0.00	35.74	40.21
43	71.65	11.90	16.61	9.78	13.65	13.17	0.61	18.38	33.15	36.09
44	70.47	12.76	18.11	9.78	13.88	50.73	0.67	71.99	30.74	35.68
45	73.78	20.76	28.14	16.35	22.16	48.07	0.84	65.15	31.33	36.51
46	99.57	22.13	22.23	30.06	30.19	61.92	0.80	62.19	33.17	38.04
47	110.86	12.80	11.55	21.44	19.34	59.71	0.72	53.86	32.54	38.74
48	121.69	10.38	8.53	14.44	11.87	60.88	0.52	50.03	33.43	37.59
49	104.84	11.13	10.62	10.31	9.83	35.54	0.50	33.90	33.81	38.74
50	76.92	14.04	18.25	9.79	12.73	31.59	0.55	41.07	31.24	37.22

续表

网格编号	总面积 /m²	10：00 建筑阴影面积 /m²	10：00 建筑阴影率 /（%）	14：00 建筑阴影面积 /m²	14：00 建筑阴影率 /（%）	绿化覆盖面积 /m²	街道高宽比	绿化覆盖率 /（%）	10：00 UTCI /℃	14：00 UTCI /℃
51	65.03	11.93	18.35	12.97	19.94	0.00	0.67	0.00	34.62	37.41
52	74.97	10.03	13.38	8.27	11.03	41.96	0.58	55.97	31.14	35.80
53	70.65	14.63	20.71	10.01	14.17	48.51	0.61	68.66	31.25	36.64
54	66.20	12.22	18.46	12.41	18.75	48.65	0.69	73.49	31.45	36.20
55	63.86	10.36	16.22	10.48	16.41	52.76	0.73	82.62	30.30	32.06
56	68.48	9.86	14.40	10.52	15.36	37.56	0.56	54.85	33.92	35.48
57	73.21	13.75	18.78	13.22	18.06	52.49	0.63	71.70	31.72	36.15
58	72.63	14.82	20.40	12.79	17.61	50.85	0.63	70.01	31.85	37.16
59	71.88	13.75	19.13	13.47	18.74	24.16	0.65	33.61	31.97	37.57
60	74.05	11.85	16.00	11.94	16.12	49.46	0.60	66.79	32.58	36.79
61	76.14	11.72	15.39	10.64	13.97	26.24	0.54	34.46	30.75	36.22
62	72.59	11.97	16.49	10.93	15.06	43.16	0.59	59.46	30.93	35.59
63	82.80	16.08	19.42	15.34	18.53	50.75	0.55	61.29	30.84	35.73
64	74.18	16.07	21.66	10.96	14.77	49.72	0.60	67.03	31.16	35.83
65	72.89	13.83	18.97	12.60	17.29	52.80	0.61	72.44	30.97	36.41
66	71.33	14.30	20.05	12.87	18.04	52.41	0.64	73.48	31.13	36.12
67	66.28	10.58	15.96	11.27	17.00	49.12	0.66	74.11	31.26	36.97
68	67.29	13.00	19.32	12.80	19.02	52.33	0.67	77.77	31.48	37.20
69	69.64	16.42	23.58	13.28	19.07	53.40	0.58	76.68	31.77	36.33
70	80.58	14.03	17.41	6.79	8.43	50.19	0.56	62.29	31.78	37.38
71	55.19	11.37	20.60	9.56	17.32	49.76	0.73	90.16	30.34	36.68
72	61.77	10.62	17.19	12.34	19.98	49.56	0.75	80.23	29.65	35.85

二、街道空间要素与热舒适度的相关性分析

UTCI 与杨梅竹斜街街道空间基本参数相关性分析结果（表 4-4）显示，在夏季

10：00，建筑阴影率与UTCI呈显著负相关关系，解释了UTCI变量分数中41.3%的变化；街道高宽比与UTCI呈微弱负相关关系，解释了UTCI变量分数中4.2%的变化；街道绿化覆盖率与UTCI呈显著负相关关系，解释了UTCI变量分数中33.7%的变化。各个街道空间基本参数对UTCI的影响大小为：建筑阴影率>街道绿化覆盖率>街道高宽比。

表4-4　杨梅竹斜街街道空间要素与热舒适度的相关性分析数据

杨梅竹斜街		10：00建筑阴影率	14：00建筑阴影率	街道高宽比	街道绿化覆盖率
10：00 UTCI	Pearson相关性	-0.413**	-0.321*	-0.042	-0.337*
	显著性（双侧）	0.175	0.028	0.777	0.020
	N	47	47	47	47
14：00 UTCI	Pearson相关性	-0.414**	-0.748**	-0.275	-0.295*
	显著性（双侧）	0.004	0.000	0.062	0.044
	N	47	47	47	47

注：* 在置信度（双侧）为0.05时，相关性是显著的；** 在置信度（双侧）为0.01时，相关性是显著的。

在夏季14：00，建筑阴影率与UTCI呈显著负相关关系，解释了UTCI变量分数中74.8%的变化；街道高宽比与UTCI呈负相关关系，解释了UTCI变量分数中27.5%的变化；街道绿化覆盖率与UTCI呈负相关关系，解释了UTCI变量分数中29.5%的变化。各个街道空间基本参数对UTCI的影响大小为：建筑阴影率>街道绿化覆盖率>街道高宽比。

进一步计算两个时间街道空间基本参数与UTCI相关性的平均值（图4-4）发现，UTCI与建筑阴影率的相关性比UTCI与街道高宽比的相关性高出约5.3倍，比UTCI与街道绿化覆盖率的相关性高出约0.9倍。因此，对杨梅竹斜街街道热舒适度的影响最大的是建筑阴影率，其次是街道绿化覆盖率，最后是街道高宽比。

UTCI与西海南沿选段1街道空间基本参数相关性分析结果（表4-5）显示，在夏季10：00时段，建筑阴影率与UTCI呈负相关关系，解释了UTCI变量分数中34.4%的变化；街道高宽比与UTCI呈正相关关系，解释了UTCI变量分数中27.4%的变化；街道绿化覆盖率与UTCI呈显著负相关关系，解释了UTCI变量分数中55.3%的变化。各个街道空间基本参数对UTCI的影响大小为：街道绿化覆盖率>建筑阴影率>街道高宽比。

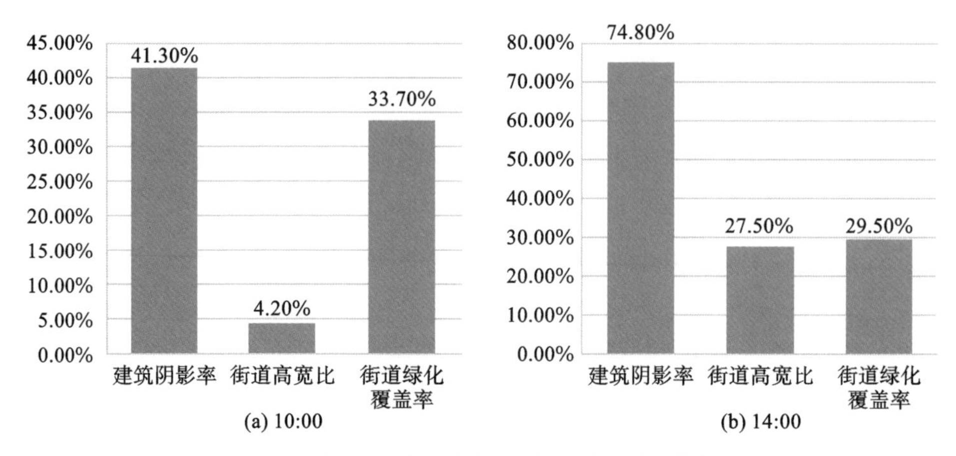

图 4-4　杨梅竹斜街街道空间要素与 UTCI 相关程度

表 4-5　西海南沿选段 1 街道空间要素与热舒适度的相关性分析数据

西海南沿选段 1		10：00 建筑阴影率	14：00 建筑阴影率	街道高宽比	街道绿化覆盖率
10：00 UTCI	Pearson 相关性	−0.344*	0.203	0.274	−0.553**
	显著性（双侧）	0.050	0.258	0.124	0.001
	N	33	33	33	33
14：00 UTCI	Pearson 相关性	0.048	−0.346*	0.212	−0.495**
	显著性（双侧）	0.792	0.049	0.237	0.003
	N	33	33	33	33

注：* 在置信度（双侧）为 0.05 时，相关性是显著的；** 在置信度（双侧）为 0.01 时，相关性是显著的。

在夏季 14：00，建筑阴影率与 UTCI 呈显著负相关关系，解释了 UTCI 变量分数中 34.6% 的变化；街道高宽比与 UTCI 呈正相关关系，解释了 UTCI 变量分数中 21.2% 的变化；街道绿化覆盖率与 UTCI 呈显著负相关关系，解释了 UTCI 变量分数中 49.5% 的变化。各个街道空间基本参数对 UTCI 的影响大小为：街道绿化覆盖率 > 建筑阴影率>街道高宽比。

进一步计算两个时间街道空间基本参数与 UTCI 相关性的平均值（图 4-5）发现，UTCI 与街道绿化覆盖率的相关性平均比 UTCI 与建筑阴影率的相关性高出约 0.52 倍，比 UTCI 与街道高宽比的相关性高出约 1.2 倍。因此，街道绿化覆盖率对西海南沿选段 1 街道热舒适度的影响较大，其次是建筑阴影率，最后是街道高宽比。

UTCI 与东四四条街道空间基本参数相关性分析结果（表 4-6）显示，在夏季

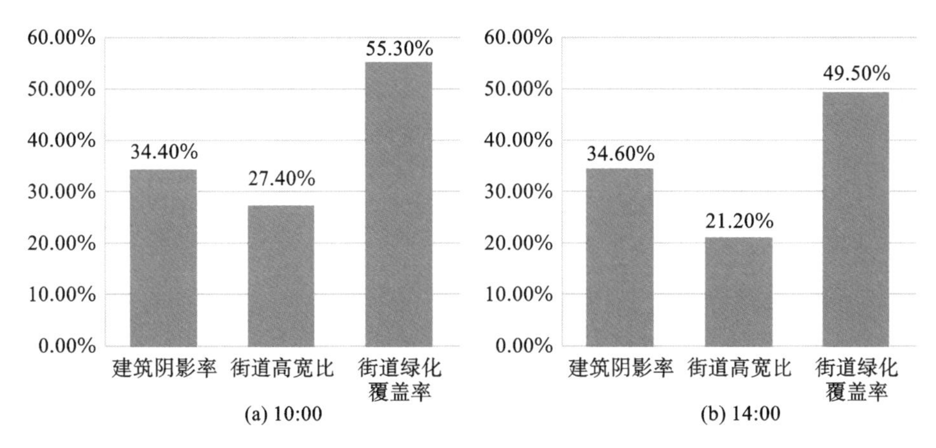

图 4-5　西海南沿选段 1 街道空间要素与 UTCI 相关程度

10：00，建筑阴影率与 UTCI 呈负相关关系，解释了 UTCI 变量分数中 29.9% 的变化；街道高宽比与 UTCI 呈显著负相关关系，解释了 UTCI 变量分数中 40.8% 的变化；街道绿化覆盖率与 UTCI 呈显著负相关关系，解释了 UTCI 变量分数中 61.8% 的变化。 各个街道空间基本参数对 UTCI 的影响大小为：街道绿化覆盖率 >街道高宽比 >建筑阴影率。

表 4-6　东四四条街道空间要素与热舒适度的相关性分析数据

东四四条		10：00 建筑阴影率	14：00 建筑阴影率	街道高宽比	街道绿化覆盖率
10：00 UTCI	Pearson 相关性	−0.299*	−0.204	−0.408**	−0.618**
	显著性（双侧）	0.011	0.086	0.000	0.000
	N	72	72	72	72
14：00 UTCI	Pearson 相关性	−0.159	−0.266*	−0.239*	−0.537**
	显著性（双侧）	0.181	0.024	0.043	0.000
	N	72	72	72	72

注：* 在置信度(双侧)为 0.05 时，相关性是显著的；** 在置信度(双侧)为 0.01 时，相关性是显著的。

在夏季 14：00，建筑阴影率与 UTCI 呈负相关关系，解释了 UTCI 变量分数中 26.6% 的变化；街道高宽比与 UTCI 呈负相关关系，解释了 UTCI 变量分数中 23.9% 的变化；街道绿化覆盖率与 UTCI 呈显著负相关关系，解释了 UTCI 变量分数中 53.7% 的变化。 各个街道空间基本参数对 UTCI 的影响大小为：街道绿化覆盖率>建筑阴影率>街道高宽比。

进一步计算两个时间街道空间基本参数与 UTCI 相关性的平均值（图 4-6）发

现，UTCI 与街道绿化覆盖率的相关性平均比 UTCI 与建筑阴影率的相关性高出约 1 倍，比 UTCI 与街道高宽比的相关性高出约 0.8 倍。 因此，街道绿化覆盖率对东四四条街道热舒适度的影响较大，其次是街道高宽比，最后是建筑阴影率。

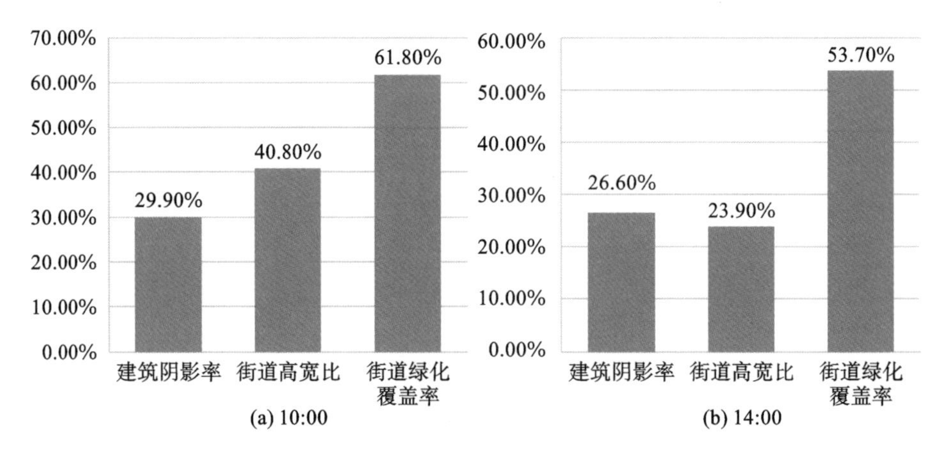

图 4-6　东四四条街道空间要素与 UTCI 相关程度

三、街道空间热舒适度影响因素总结

通过以上研究发现，在老城街道环境中，绿化对街道热舒适度产生明显影响。在绿化丰富的街道中，植被的绿化覆盖率占主导地位；在绿化极少的情况下，建筑产生的阴影率占主导地位。 对街道内部热舒适度变化影响较小的是街道高宽比。

《北京街道更新治理城市设计导则》强调，老城街道不再拓宽，街道宽度、建筑高度、街道高宽比等基本属于街道因子中的不可变量，因此街巷整体形态的改变余地将会减小。 未来的改造更新中，需要在满足居民使用功能需求的同时，尊重当地的局部微气候和热环境的特征，着重考虑街道内部植被、空间布局、街道家具等弹性变量，因地制宜地处理好弹性变量之间的关系，优化设计策略。

1. 绿化植物

在炎热的夏季，浓郁的林荫下与曝晒的水泥地之间存在明显的热舒适度差异，这是因为植物茂密的枝叶可以遮挡部分阳光，并通过自身的蒸腾作用和光合作用消耗周围热量、蒸发或吸收水分，在干燥季节可增加小环境湿度，在潮湿季节可降低空气中的水分，在寒冷季节可以形成保温屏障，延缓散热，在炎热季节可以消耗周围的热能，总体起到了调节温湿度的作用，从而改善周围的热舒适体验。 根据文献及前期研究结果可知，植物可以有效地吸收及反射太阳辐射，在炎炎夏季，绿色植物可以吸收60%～80%的太阳辐射能[7]；植物也可在一定程度上降低地表、建筑外层的温度，例如草坪表面温度与裸露地面相比，温差达到6～7 ℃[8]，有垂直绿化的墙面比没有绿化的墙面温度约低5 ℃[9]；而且植物的不同组合方式也可以造成不同的热舒适度感受，其中“乔+灌+草”复合结构的群落降温效果是单一草地的2.6倍[10]。植物具有净化空气的作用，通过光合作用可以有效地调节局部区域氧气和二氧化碳的含量，并且有效地阻挡尘土和过滤部分有害的微生物，降低疾病的发生率[11]。除此之外，植物的枝叶对声波有吸收和散射的作用，例如，高度为6～7 m的街道绿化带能平均降低10～13 dB的噪声。因此植物对人居生活环境有一定改善作用，能极大提升热舒适度感受，尤其是在街道、广场等行人较多的公共场所，适量种植是很有必要的。

2. 街道高宽比与建筑阴影率

建筑阴影率与街道高宽比密不可分，但是建筑阴影对热舒适度的改善效果更加直观，故而建筑阴影对热舒适度的改善程度大于街道高宽比。从前期分析可以看出，适宜的街道尺度、建筑物临街几何形式都会在一定程度上调节太阳辐射强度，从而改变街道内部阴影区域的大小。因此可以通过增加构筑物、枝繁叶茂的乔木、膜状结构设施等提高阴影率，也可在原有建筑立面增加悬挑空间或者在原始构筑物上叠加新构筑物。

3. 路面铺装

在夏季日照辐射量较大，由于铺装材料的物理属性各不相同，地面的温湿度也产生了极大的差异。有研究发现，不同路面材料之间的温差最大可达26 ℃，而且铺装会影响下层土壤环境及局部的生态环境，造成人体的热舒适度感受产生差异。因此在未来街道空间的改造中可以将铺装作为热舒适度改善的一个因素。

第三节　典型街道空间改造实践探索

一、街道空间优化设计与模拟评估

1. 街道空间类型的分析与整合

在前期对19条街道的调研分析基础上，从平面类型、剖面类型、空间界面类型、空间组合类型等角度，对街道空间进行类型的综合分析与统计，总结出了 8 类街道空间类型：普通街道空间、单侧高层街道空间、街口街道空间、折角街道空间、口袋绿化街道空间、双侧植被街道空间、单侧植被街道空间和滨水街道空间（表4-7）。本节以杨梅竹斜街、西海南沿选段1 和东四四条为例，选取典型空间节点进行后续改造设计。

表 4-7　老城历史街区主要街道空间类型

类型	街道宽度	建筑高度	是否水平绿化	空间类型示意图
普通街道空间	5～7 m	4～6 m	否	
单侧高层街道空间	5～7 m	4～16 m	是	
街口街道空间	5～8 m	4～6 m	是	
折角街道空间	5～15 m	4～6 m	是	
口袋绿化街道空间	5～7 m	4～6 m	是	
双侧植被街道空间	5～7 m	4～6 m	是	

续表

类型	街道宽度	建筑高度	是否水平绿化	空间类型示意图
单侧植被街道空间	5～7 m	4～6 m	是	
滨水街道空间	5～7 m	4～6 m	是	

2. 街道设计与 ENVI-met 模拟评估概述

利用绿化种植、铺装、构筑物、城市家具、活动场地布置等设计手段对三条街道节点进行设计，节点设计的范围涵盖了 8 类不同的街道空间类型。 后期以通用热气候指数 UTCI 作为热舒适度评价指标，利用 ENVI-met 软件对设计方案进行热舒适度模拟，而后对比设计前后热舒适度的改善情况，展示街道节点热舒适度的动态变化。 最后针对改造方案与评价结果，总结归纳老城街道更新策略，充分挖掘街道空间的潜在优势。 整个流程以热舒适度为切入点，形成了前期模拟—方案设计—动态评估—优化策略的体系，使更新改造更为具象、更有针对性，同时为接下来的街道更新提供了新思路。

本节热舒适度模拟采用 2018 年 7 月 15 日 14：00 的 ENVI-met 计算结果作为基础数据进行分析。 网格分辨率为 $dx=1$、$dy=1$、$dz=1$，模拟粗糙度长度采用系统默认值 0.01，模拟太阳辐射系数为 1，模拟云量为 0。 设置初始空气温度为 29.5 ℃、初始风速为 1.5 m/s、初始风向为 75°、初始相对湿度为 50%。

二、杨梅竹斜街节点设计方案及模拟评估

1. 场地分析

杨梅竹斜街选取的节点位于街道西部，长度为 496 m，街道宽度为 4～6 m，街道内部禁止汽车通行。 根据现场调研，街道空间对象是周围居民和游客，使用功能以交谈、休憩、健身娱乐、种花、晾衣等为主。 特别是种花，在前期调研中周围的老年人普遍对户外栽花养草感兴趣（图 4-7）。

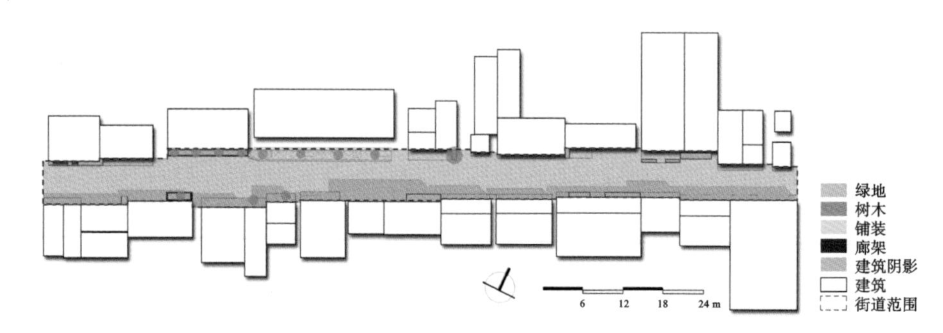

图 4-7 杨梅竹斜街节点现状平面图

1）绿化及街道空间分析

在绿化方面，街道两侧有石砌的连续带状花池以及居民自发搬出来的花架花盆等，有部分花盆摆放比较杂乱，缺乏统一化管理。场地内缺少大型乔木，导致整体绿化覆盖率较低。植物种类包括杨树、元宝枫、二乔玉兰、丁香、紫薇、珍珠梅、棣棠、早园竹、月季、紫藤、地锦、绣线菊等。街道空间类型包括单侧高层街道空间、折角街道空间和普通街道空间（图 4-8）。

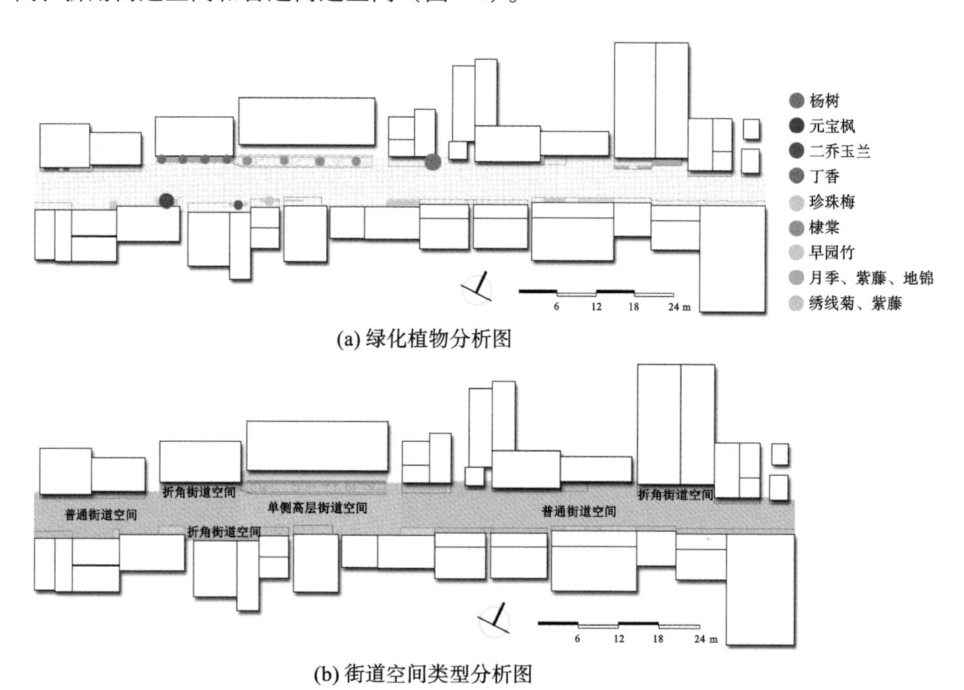

(a) 绿化植物分析图

(b) 街道空间类型分析图

图 4-8 杨梅竹斜街节点绿化植物与空间类型分析图

2）路面铺装及日照分析

场地内部以透水砖铺装为主，北部休憩桌椅区则使用木质铺装。 周围建筑形成的阴影区域集中在街道的东南部，而西北部几乎是全光照区，特别适合种植各类喜阳植物。 街道内部的风向主要是东北风，风速在 2 m/s 左右（图 4-9）。

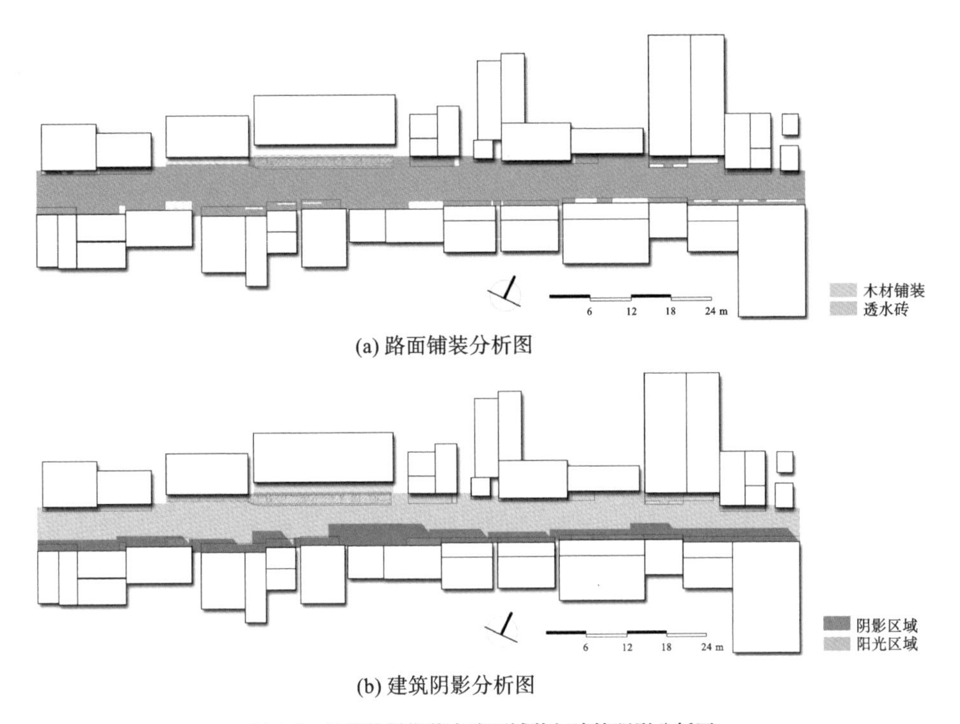

(a) 路面铺装分析图

(b) 建筑阴影分析图

图 4-9　杨梅竹斜街节点路面铺装与建筑阴影分析图

3）热舒适度现状模拟分析

由于绿化较少，加之街道走向影响及高宽比较低而形成较大面积的曝晒区域，街道内部热舒适度较差。 在场地内共找出了 3 片热舒适度亟待改善区域和 1 片热舒适度保留区域，明确了设计改造的重点（图 4-10、图 4-11）。

2. 热舒适度改善的街道改造设计

1）功能分区设计

依据前期调研及研究，对场地功能进行了细致的划分与布置，设计了胡同会客厅、座椅空间、花架种植微空间、晾衣区、凉棚空间和街道通行空间共 6 类。 以街道通行空间为主，将其设置在中部区域，其他功能空间散布在两侧。 其中将部分座椅空间设置在街道南侧的阴影区域，北侧阳光区域设置 2 处晾衣区，满足当地居民

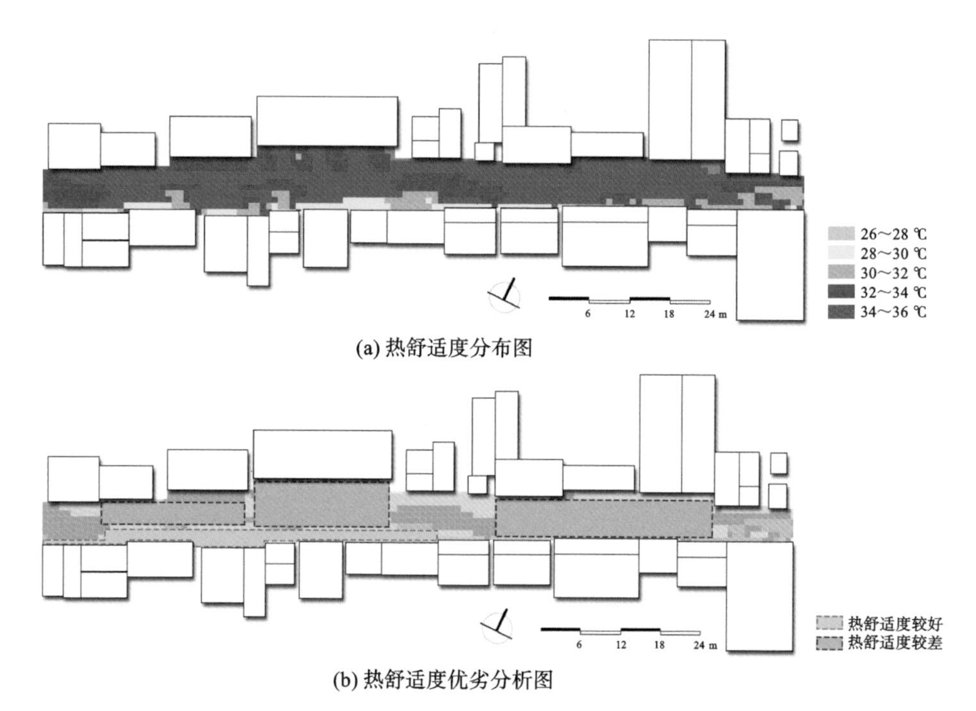

(a) 热舒适度分布图

(b) 热舒适度优劣分析图

图 4-10　杨梅竹斜街节点热舒适度分布与优劣分析图

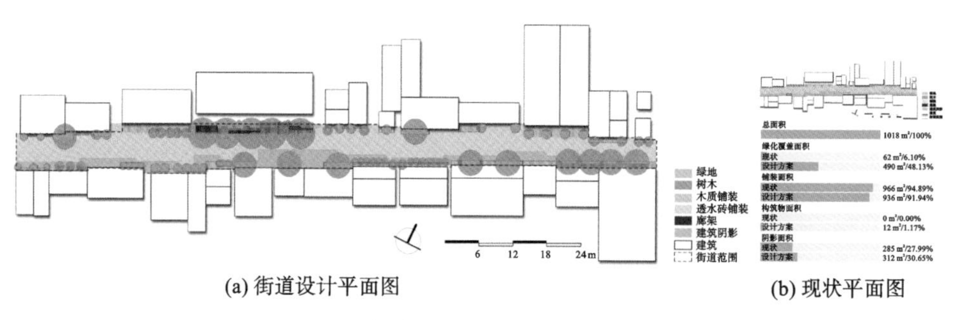

(a) 街道设计平面图　　(b) 现状平面图

图 4-11　杨梅竹斜街节点设计方案平面图

的生活需求。将老式居民楼的围墙打开，利用腾退出的空地设计一个胡同会客厅，空间更加灵活、便捷，使室内建筑空间与室外街道空间共生共融。但是胡同会客厅作为活动区域处于街道北侧的曝晒区，则需在夏季提供树荫或遮阳设施，因此在设计中应当增加植物与景观设施（图 4-12）。

2）绿化植物设计

在绿化植物设计中利用现存的小微空间，提高街道的绿化率，其中以增加乔木为主，结合乔灌草组合种植体系，再融入垂直绿化，综合提高街道热舒适度。设计

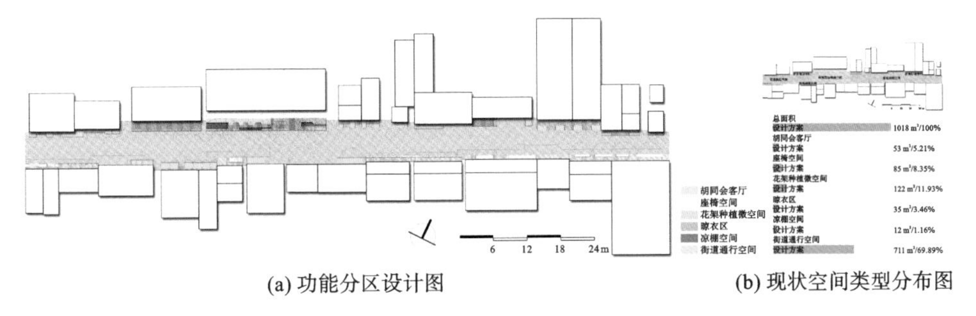

(a) 功能分区设计图　　(b) 现状空间类型分布图

图 4-12　杨梅竹斜街节点功能分区设计图

后乔木覆盖面积占比 34.28%，灌木覆盖面积占比 17.78%，草地覆盖面积占比 8.06%。

因地制宜，尽量多种植北京本地树种，既有利于植物的生长，也可以减少养护的成本，通过植物四季多变的色彩烘托营造北京特有的胡同风情。植物品种有杨树、国槐、白蜡、元宝枫、西府海棠、二乔玉兰、早园竹、紫薇、珍珠梅、丁香、丰花月季、紫藤、地锦、凌霄、葫芦、玉簪、绣线菊、芍药、萱草、鸢尾、杜鹃。

大乔木的种植区域集中在胡同会客厅，为人们休闲游憩提供阴凉区域；小乔木和灌木大多种植在沿街两侧形成带状种植空间，将街边的座椅空间与街道通行空间分隔开，利用植物来加强街道的空间感。除了街道水平空间，在建筑立面也适量增加垂直绿化，不同朝向的墙面，光照、温度、干湿条件不同，所以植物选择也不同。紫藤、月季、凌霄等属于喜阳植物，适宜用在南向和东南向的墙体上；地锦等耐阴性强的植物，适宜用于背阴处墙体绿化，即北向墙体上。

在政府主导的街道公共绿化以外，也可设置花架花箱，保留并鼓励居民自发利用设计的平台摆放植物形成屋前小花园，装点他们的生活环境，引导居民养成热爱胡同公共空间的习惯。通过盆栽植物随季节的变化而更换种类，形成四季开花不断的景象（图 4-13）。

3）路面铺装设计

在街道通行区保留原有透水砖铺装，将其他活动场地替换成木质铺装，既可限定场地空间，也可区分动态通行区和静态停留区。木质铺装比热容大、表面粗糙、透水性能强，在炎炎夏季能够在局部地区起到降温增湿作用，营造良好的热舒适环境（图 4-14）。

4）景观设施设计

首先将老式居民楼前的围墙打开，在楼前区域的胡同会客厅中增加木质凉棚，

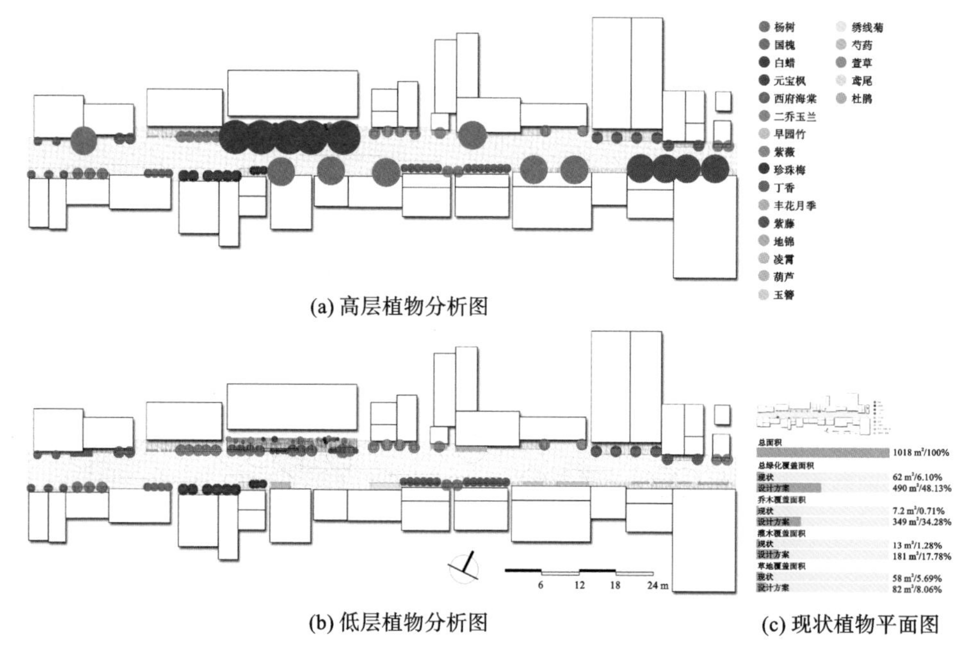

(a) 高层植物分析图

(b) 低层植物分析图

(c) 现状植物平面图

图 4-13　杨梅竹斜街节点绿化植物设计图

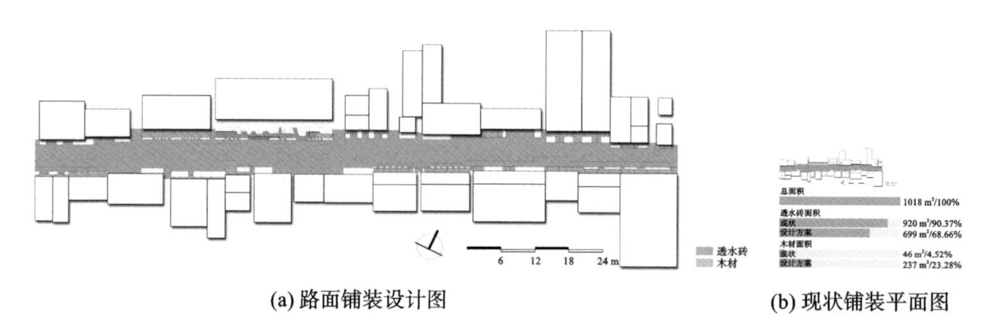

(a) 路面铺装设计图

(b) 现状铺装平面图

图 4-14　杨梅竹斜街节点路面铺装设计图

整体比较轻薄。凉棚设在街道的西北部，可以有效地遮挡夏日的烈日，特别是低角度的阳光，并在室外空间形成一定面积的阴影区。凉棚的立面并非实体，而是设计了向上倾斜的通风孔，改变了风的流动方向，减小了风的直吹力，再在其周围配合种植，为人们提供休息、聊天的舒适场所。在街道空间设置多种尺寸可移动的种植池，底部安有可拆卸式滑轮，材料选用强度较高的环保可回收材料，单个单体可拆解，多个单体可以进行多种组合式的拼插变换，以满足人们不同的种植需求（图 4-15）。

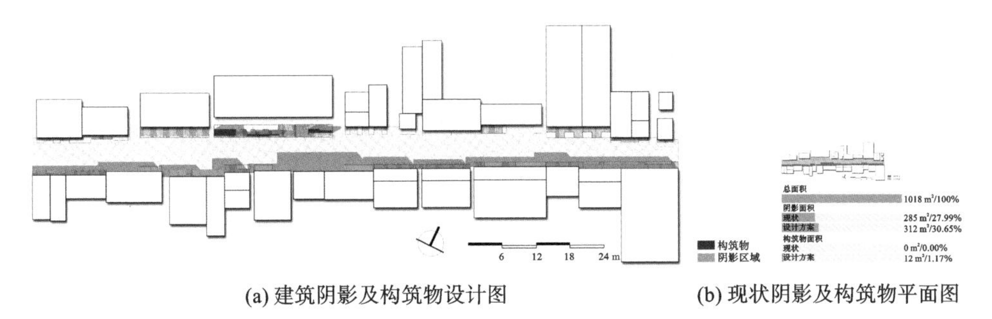

(a) 建筑阴影及构筑物设计图　　(b) 现状阴影及构筑物平面图

图 4-15　杨梅竹斜街节点建筑阴影及构筑物设计图

3. 热舒适度对比评估

依据现状分布图可以看出，原先暖区占比 5.04%，热区占比 94.96%，UTCI 平均值为 36.43 ℃。改造设计后，舒适区占比 3.45%，暖区占比 94.38%，热区占比 2.17%，UTCI 平均值为 28.39 ℃。对比设计前后热舒适度分布状况发现，设计后 UTCI 平均值降低了 8.04 ℃，暖区和热区的变化较大，舒适区变化较小。其中以红色和深粉色代表的热区大幅度收缩，缩小成点状随机分布在建筑两侧，可能是由于场地内增加了乔木，使街道绿化覆盖率大幅度提升，改变了场地内的温度与辐射环境，从而使人的热舒适度感受得到改善。橙色和黄色代表的暖区由街道南侧向北侧蔓延，集中分布在街道通行区。深蓝色和浅蓝色代表的舒适区分布在街道东部，主要是由于原先该区段建筑高宽比大，再配合种植。浅绿色和深绿色代表的暖区集中在胡同会客厅，其余的呈块状分布在街道空间中，以南侧居多（图 4-16）。

三、西海南沿选段 1 节点设计方案及模拟评估

1. 场地分析

西海南沿选段 1 选取的节点位于街道西部，长度为 129 m，街道面积为 2149 m²。街道空间类型包括滨水街道空间、双侧植被街道空间、街口街道空间。根据现场调研，街道空间对象是周围居民和游客，使用功能以滨水休憩、健身娱乐为主（图 4-17）。

1）绿化及街道空间分析

在绿化方面，街道两侧均有绿化种植，绿化覆盖率高达 68.68%，其中街道南侧有高为 1.2 m 的砖砌带状树池。街道整体乔木较多，但是中层灌木不足。植物种

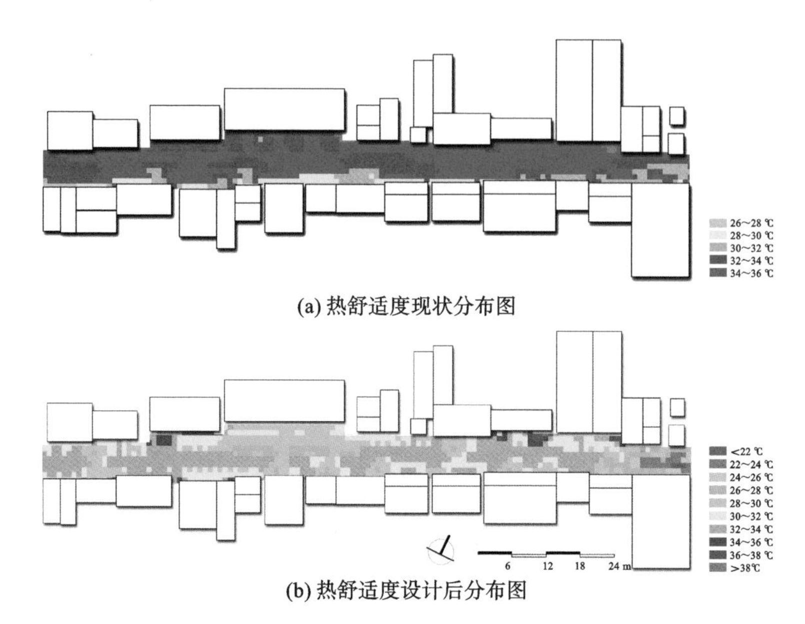

(a) 热舒适度现状分布图

(b) 热舒适度设计后分布图

图 4-16　杨梅竹斜街节点热舒适度设计前后对比分析图

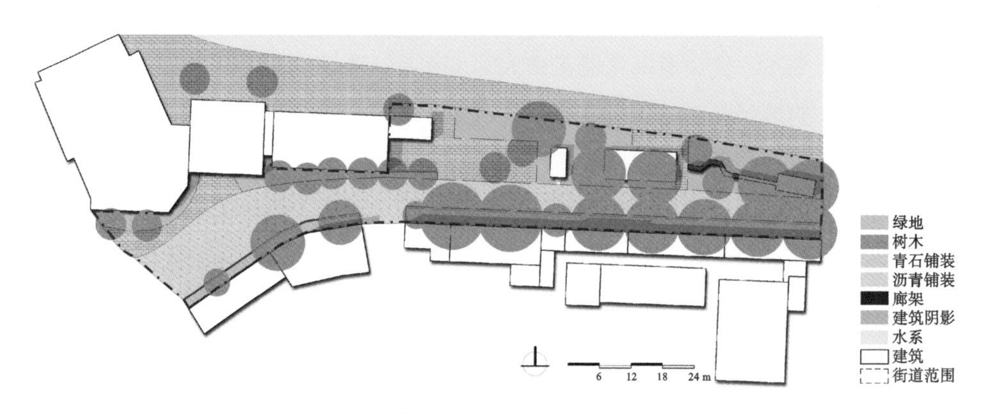

图 4-17　西海南沿选段 1 节点现状平面图

类有国槐、臭椿、杨树、柳树、菩提树、银杏、松树、紫叶李、刚竹、大叶黄杨、沙地柏、木贼、地锦等。北侧有一片滨水活动场地，但是绿化比较杂乱，仅有几棵乔木提供庇荫；东部有一个游廊名为碧荷轩，古色古香，为人们提供茶桌座椅，周围植物围合成的空间较为密闭（图 4-18）。

2）路面铺装及日照分析

街道场地铺装材料以沥青为主，少量活动场地为青石，南侧有一带状石砌花坛，高度约为 1.3 m。街道两侧建筑高度主要为 4～6 m，建筑产生的阴影区域为

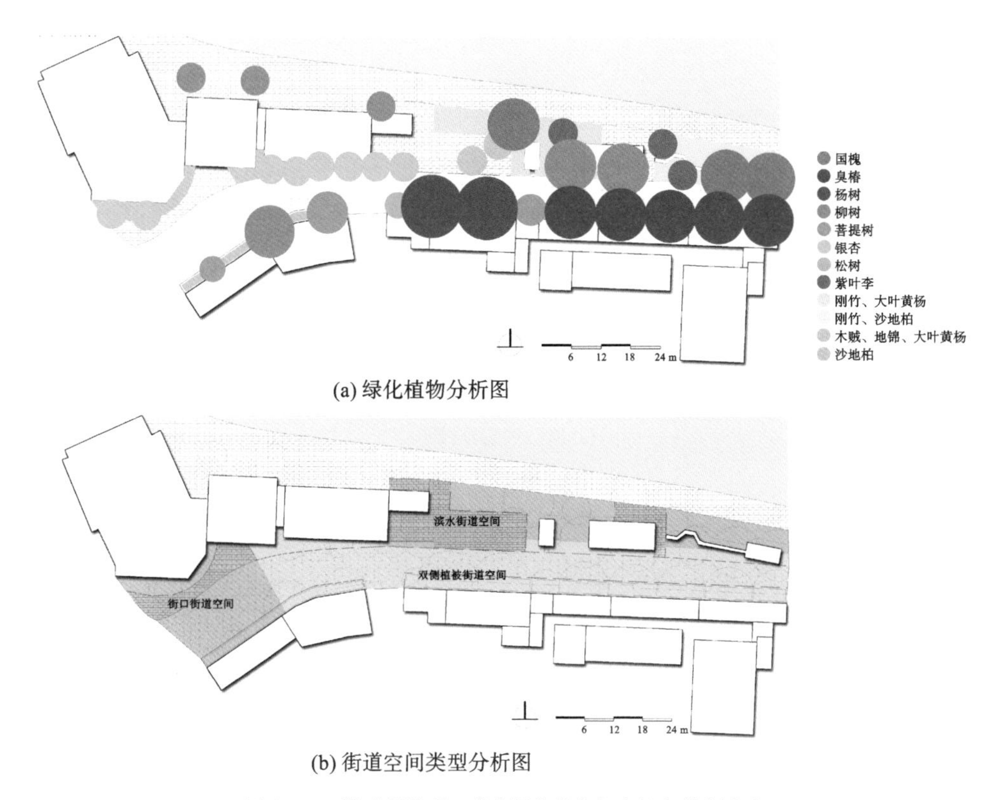

(a) 绿化植物分析图

(b) 街道空间类型分析图

图 4-18　西海南沿选段 1 节点绿化植物与空间类型分析图

324 m²，基本沿街道南侧呈线性分布，面积约占街道的 15.08%（图 4-19）。

3）热舒适度现状模拟分析

靠近水域部分的街道空间热舒适度状况较好，而两侧均为建筑的街道空间热舒适度感受较差，在场地内共找出了 4 片热舒适度亟待改善区域和 3 片热舒适度保留区域，热舒适度提升的重点在街道西部和中部（图 4-20、图 4-21）。

2. 热舒适度改善的街道改造设计

1）功能分区设计

根据场地的现状以及前期对热舒适度的模拟，进行了科学合理的空间布局，设计了花池种植区、滨水休闲空间、体育健身活动区、廊架游览区、入口景观空间、街道通行空间共 6 类。 街道通行空间设置在中部，人的流动性较大；花池靠近建筑的南侧，形成连续的带状空间；其余活动区域则临近水域的北侧（图 4-22）。

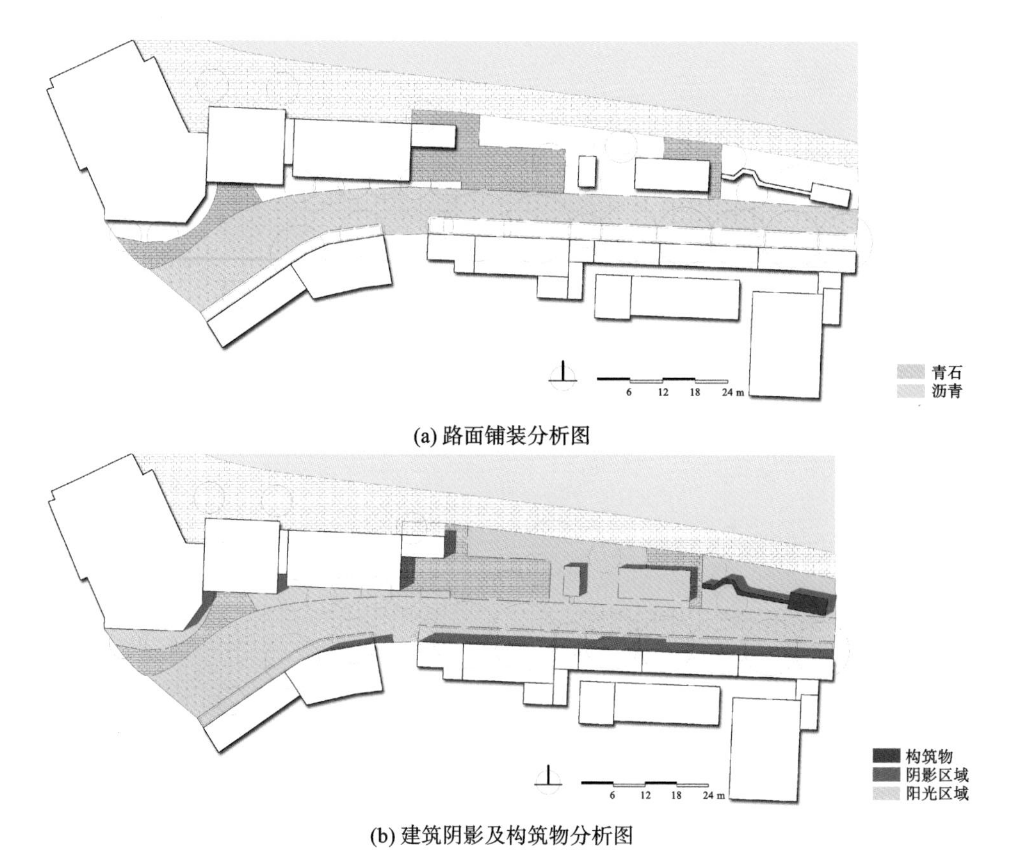

(a) 路面铺装分析图

(b) 建筑阴影及构筑物分析图

图 4-19　西海南沿选段 1 节点路面铺装与建筑阴影分析图

2）绿化植物设计

在绿化植物设计中，补种低矮植被，形成乔木+灌木+藤本+地被草坪的复合层次，设计后乔木覆盖面积占比 71.96%，灌木覆盖面积占比 29.27%，草地覆盖面积占比 32.43%。可以通过植物的多层次设计强化边缘，利用清晰的植物界限组织划分良好的活动空间，避免互相干扰。植物品种有国槐、臭椿、杨树、柳树、元宝枫、栾树、菩提树、银杏、松树、紫叶李、木贼、沙地柏、玉兰、紫薇、西府海棠、丁香、刚竹、地锦、大叶黄杨等。

打开临水的绿地空间，引导吹过水体的微风进入街道，改善局部微气候环境，使人感到凉爽舒适。在滨水休闲区设置落叶乔木的树阵空间，结合 30～40 cm 的树池和石桌，解决行人休息问题或形成交流空间，遮阴纳凉，冬天落叶后也可晒太阳，同时顶部的树冠可对场地空间进行限定，周围用灌木进行围合，形成较为私密

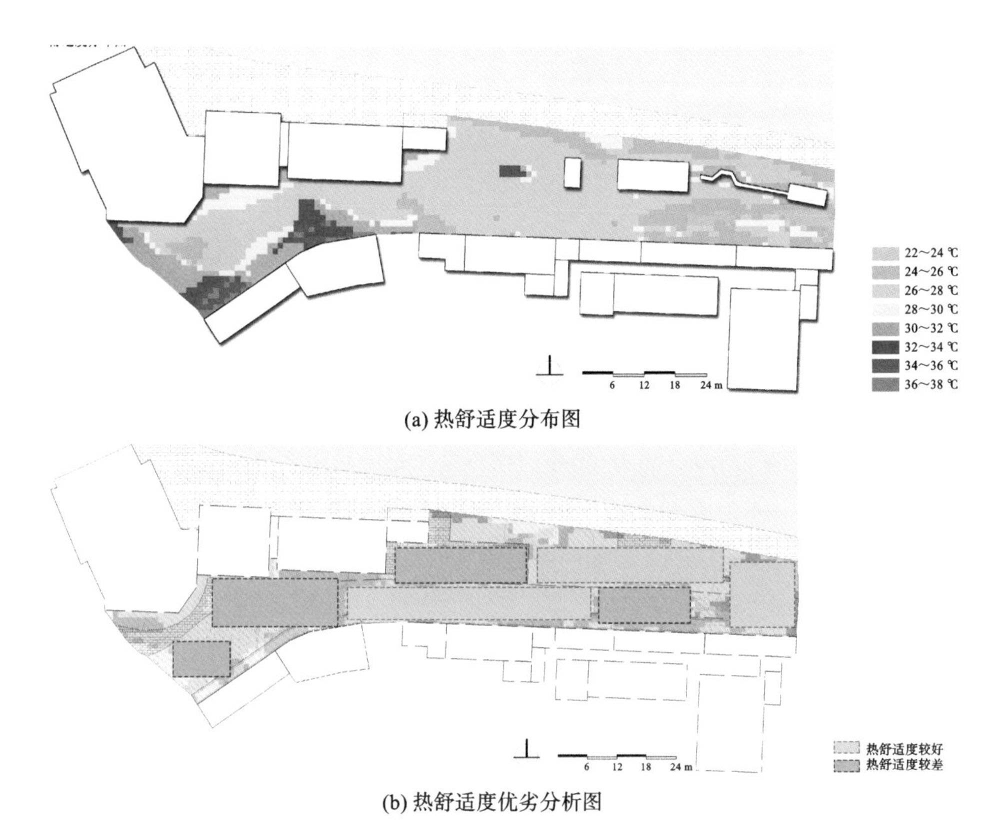

(a) 热舒适度分布图

(b) 热舒适度优劣分析图

图 4-20　西海南沿选段 1 节点热舒适度分布与优劣分析图

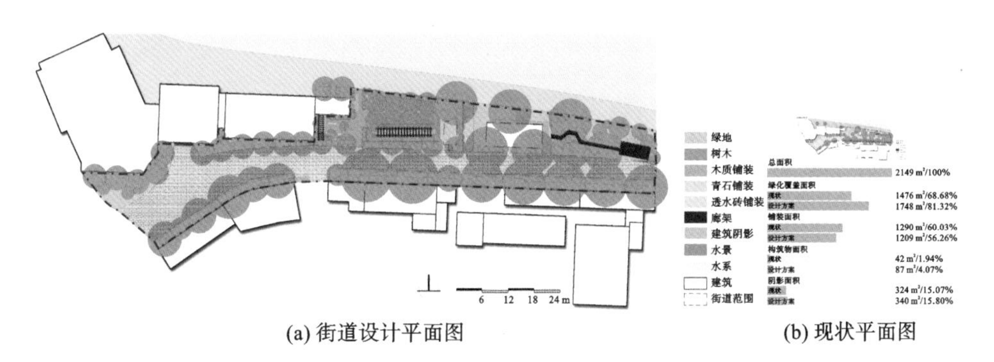

(a) 街道设计平面图　　(b) 现状平面图

图 4-21　西海南沿选段 1 节点设计方案平面图

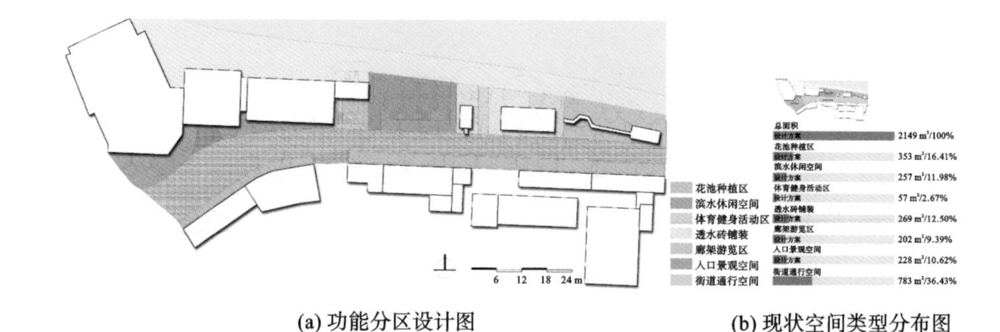

(a) 功能分区设计图　　(b) 现状空间类型分布图

图 4-22　西海南沿选段 1 节点功能分区设计图

的覆盖空间。在市政设施区，利用高灌木进行遮挡美化，同时预留出维护修缮的通道。花池种植区采取乔木+灌木+爬蔓植物体系，充分利用建筑的立面空间。体育健身活动区以小乔木与灌木为主，植物围合成半开敞空间。北面和西面私密性强，可以设置座椅，为运动后的人们提供休息场所；南面和东面阳光充足，适合布置健身器材，开展活动（图 4-23）。

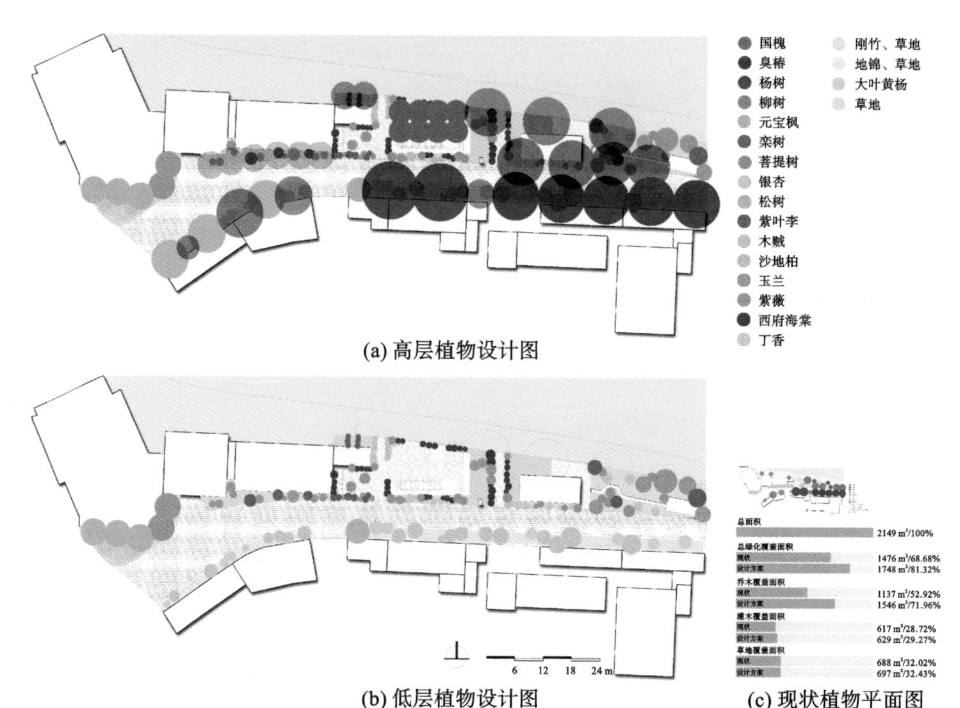

(a) 高层植物设计图

(b) 低层植物设计图　　(c) 现状植物平面图

图 4-23　西海南沿选段 1 节点绿化植物设计图

3）路面铺装设计

将原先街道通行空间的沥青铺装换成了透水砖，夏季多雨，透水砖可以有效吸收水分使地面速干，并将水分储存在砖面下层的土壤中，通过蒸腾作用平衡局部区域的温湿环境。 连接街道与水域的道路保留原先的青石板材料，将体育健身活动区和滨水休闲空间设计成木质材料铺装（图 4-24）。

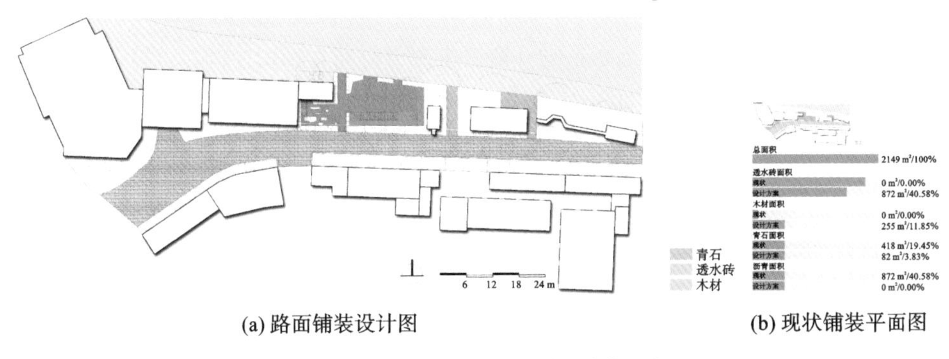

(a) 路面铺装设计图　　(b) 现状铺装平面图

图 4-24　西海南沿选段 1 节点路面铺装设计图

4）景观设施设计

保留场地东部的古典游廊，结合树阵空间和体育健身空间，新增廊架设施。 由于周围居民较多，健身及游乐设施应尽量选择安全、噪声小、低维护的设计产品。在滨水休闲空间的南侧设置一个“L”形的水池及水景墙，流水能形成悦耳的音响，营造一个相对宁静的气氛。 配合周围的风环境，吹过水景墙与水池，将湿度较大和温度较低的空气带入休憩娱乐区中，提高舒适程度（图 4-25）。

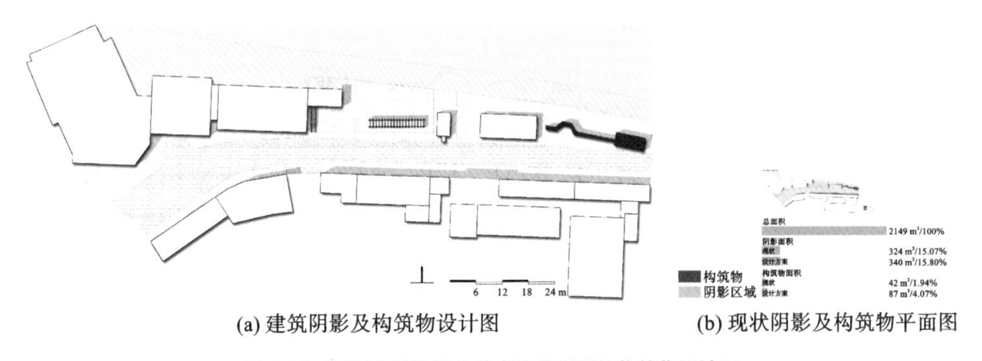

(a) 建筑阴影及构筑物设计图　　(b) 现状阴影及构筑物平面图

图 4-25　西海南沿选段 1 节点建筑阴影及构筑物设计图

3. 热舒适度对比评估

依据现状分布图及相关数据可以看出，原先舒适区占比 19.98%，暖区占比 78.40%，热区占比 1.62%，UTCI 平均值为 28.43 ℃。改造设计后，舒适区占比 83.56%，暖区占比 16.44%，UTCI 平均值为 21.89 ℃。对比发现，设计后 UTCI 平均值降低了 6.54 ℃，舒适区和暖区变化较大，热区变化较小，热舒适度有了明显改善。以浅蓝色和深蓝色为代表的舒适区增加较多，由街道东部极速向北部蔓延，呈片状分布，大部分分布在临近水系的一侧，少部分分布在街口空间。这可能是由于水系附近湿度大、温度低，再加上乔木提供大量半阴影区，阻止部分太阳辐射到达场地。而原先深粉色和浅粉色代表的热区基本消失，被橙色和黄色代表的暖区替代，主要分布在两侧均为建筑的街道区域。滨水休闲空间、体育健身活动区、廊架游览区等人们集中活动的区域均处于舒适区范围内。在靠近水系的区域绿地被分成 4 块，用植物围合成了通风道，将吹过水面的凉爽的微风引入街道，既增强场地气流循环，又在小范围内降温增湿，提高舒适感（图 4-26）。

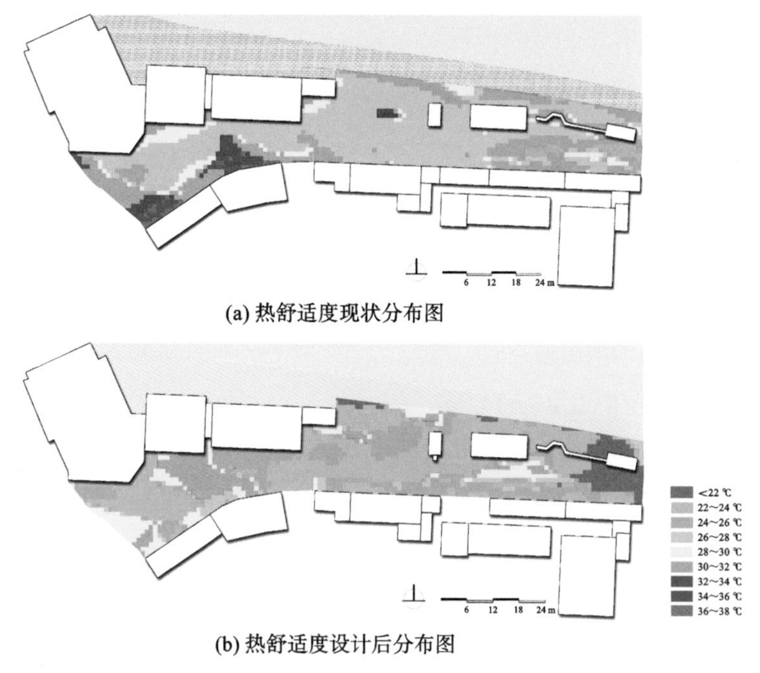

(a) 热舒适度现状分布图

(b) 热舒适度设计后分布图

图 4-26　西海南沿选段 1 节点热舒适度设计前后对比分析图

四、东四四条节点设计方案及模拟评估

1. 场地分析

东四四条选取的节点位于街道东部，长度为103 m，街道面积为1036 m^2。根据现场调研，街道空间对象是周围居民（老人、儿童居多），使用功能以休息、健身娱乐、种瓜果蔬菜为主。有居民提议多设置种植、户外晒太阳、聊天交流的场所等（图4-27）。

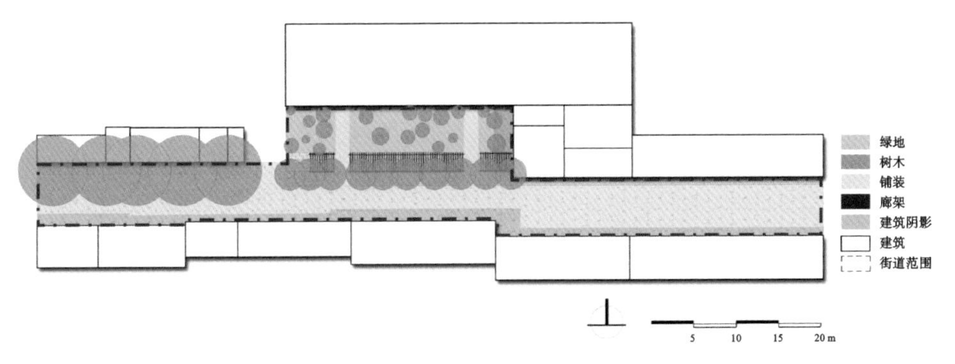

图4-27　东四四条节点现状平面图

1）绿化及街道空间分析

在绿化方面，场地中一片口袋绿地，面积约150 m^2，乔、灌、草三种类型均有涉及，种植层次较为混乱，植物种类包括香椿、竹子、国槐、紫藤、大叶黄杨、西府海棠、石榴树、月季、迎春花、石竹、铁线莲等。场地西侧有一列国槐，树冠较大，长势较好。场地内街道空间类型包括单侧植被街道空间、口袋绿化街道空间、普通街道空间和折角街道空间（图4-28）。

2）路面铺装及日照分析

场地铺装材料以沥青为主，街道北侧有宽1 m的透水砖路，通向居民楼的街道为混凝土，口袋绿化空间内部现存一个木质廊架，廊架内部铺装为青石。周围建筑高度主要为4～6 m，口袋绿化空间后部建筑为五层老式居民楼，建筑高度约为14 m。建筑产生的阴影区域为225 m^2，基本沿街道北侧呈线性分布，约占街道面积的21.72%（图4-29）。

3）热舒适度现状模拟分析

东四四条节点热舒适度分区较为明显，街道西部热舒适度最好，其次是街道东

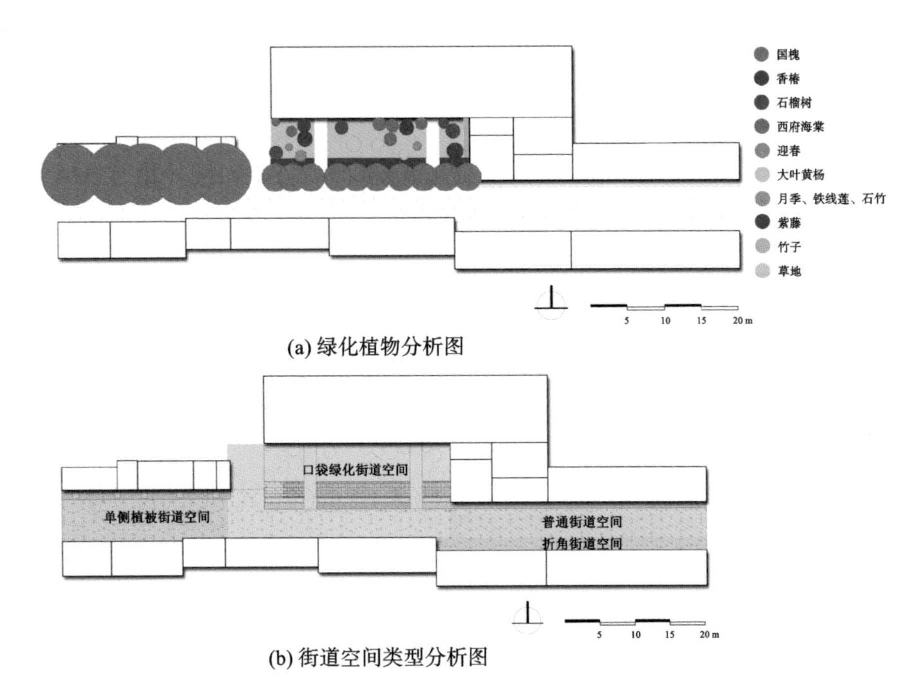

(a) 绿化植物分析图

(b) 街道空间类型分析图

图 4-28　东四四条节点绿化植物与空间类型分析图

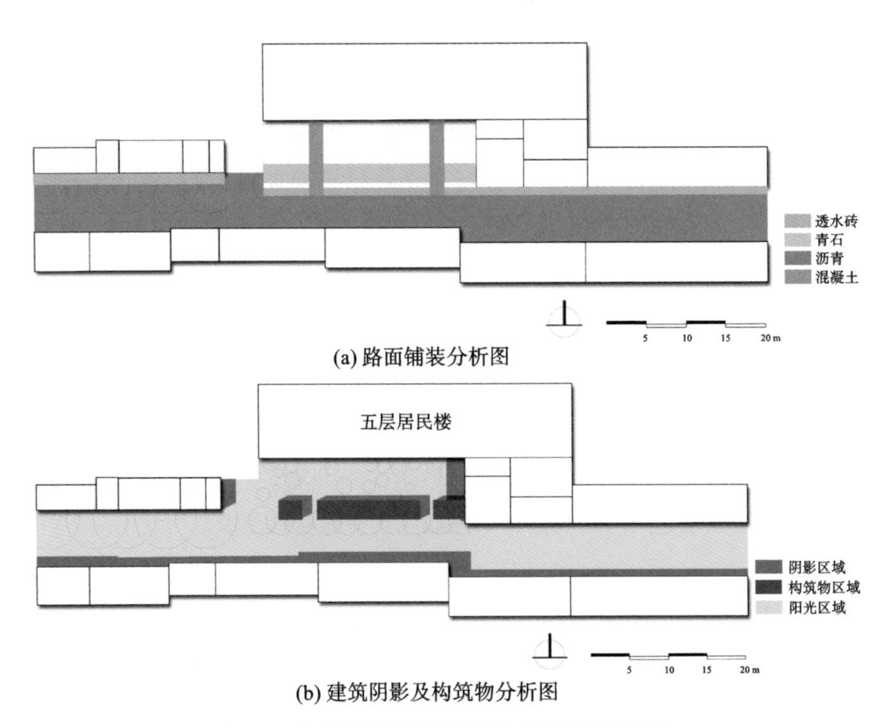

(a) 路面铺装分析图

(b) 建筑阴影及构筑物分析图

图 4-29　东四四条节点路面铺装与建筑阴影分析图

部，最差的是街道中心区域。 在场地内共找出了 4 片热舒适度亟待改善区域和 3 片热舒适度保留区域，设计改造的重点集中在中部和东部（图 4-30、图 4-31）。

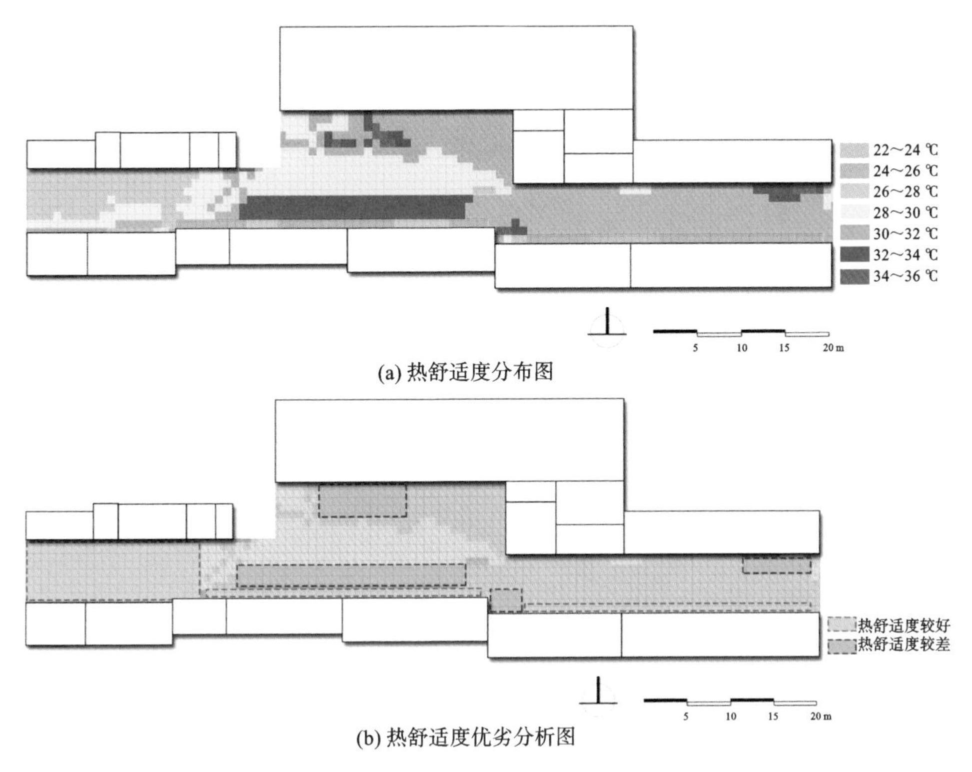

(a) 热舒适度分布图

(b) 热舒适度优劣分析图

图 4-30　东四四条节点热舒适度分布与优劣分析图

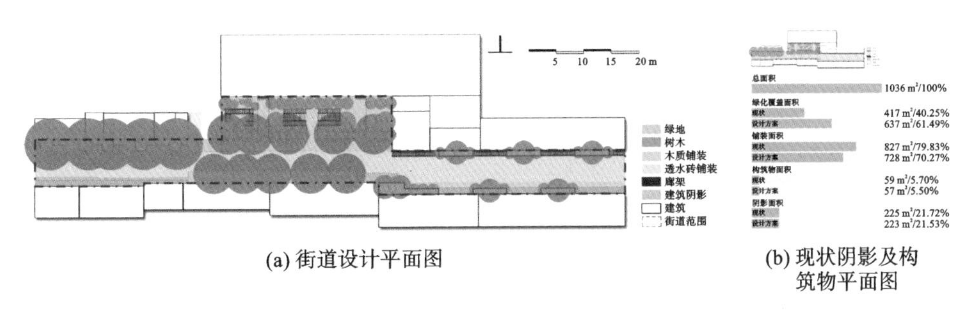

(a) 街道设计平面图

(b) 现状阴影及构筑物平面图

图 4-31　东四四条节点设计方案平面图

2. 热舒适度改善的街道改造设计

1）功能分区设计

通过前期的现场调研及居民走访询问，对东四四条节点进行了设计改造，可基本确定有口袋绿化空间、游憩活动空间、瓜果种植空间、阳面花池座椅空间、阴面花池座椅空间、凉棚空间、街道通行空间等。在原有街道的全阴影区域设置花池座椅，沿建筑边缘呈线性分布；而在东北部的曝晒区设置凉棚，为行人提供短暂停留的遮阴区。游憩活动空间、口袋绿化空间、瓜果种植空间是三个主要活动空间，放在街道中心区域，方便居民使用（图 4-32）。

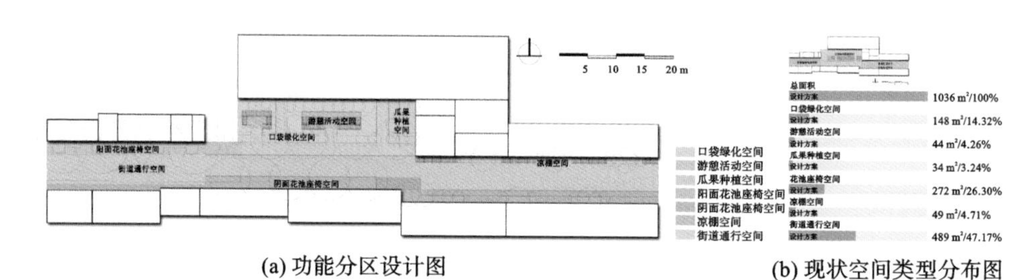

(a) 功能分区设计图 (b) 现状空间类型分布图

图 4-32 东四四条节点功能分区设计图

2）绿化植物设计

设计后乔木覆盖面积占比 45.56%，灌木覆盖面积占比 23.07%，草地覆盖面积占比 16.17%。其中提升最多的是乔木覆盖率，其次是灌木覆盖率，最后是草地覆盖率。植物品种有国槐、臭椿、香椿、五角枫、珍珠梅、丁香、西府海棠、迎春、丰花月季、枣树、花椒树、石榴树、玉簪、早园竹、铁线莲、二月兰、绣线菊、石竹、地锦、瓜果蔬菜（南瓜、豆角、丝瓜、紫苏等）等。

在保证原有单侧乔木树冠相连接的基础上，适当加大乔木种植间距，将多出的乔木交错种植，形成双侧的林荫道空间，改善行人步行空间舒适状况。在乔木形成的大量阴影区域之下，适宜种植一些耐阴性灌木，丰富林下空间的植物层次。对现状口袋绿化进行拆分重组，由单侧绿化变为双侧绿化、集中绿地变成四块分散绿地，并将游憩空间穿插其中，运用灌木来划分两种空间，合理组织流线。东侧的普通街道空间无法种植大乔木，则可以结合座椅设置种植箱，种植观花的小灌木和小型花草。瓜果种植空间也不一定拘泥于种植蔬菜瓜果，该空间可视为自留空间，可根据居民喜好划分不同的主题种植区块，例如可食植物区、观赏花草区、药用植物区、果树区等（图 4-33）。

3）路面铺装设计

将原有的沥青铺装替换为透水砖铺装，并在花池座椅、凉棚、口袋绿化等区域进行木质铺装，通往居民楼的道路仍然保留混凝土材质，引导了交通流线。木材最好使用防腐木，以适应多雨的夏季（图 4-34）。

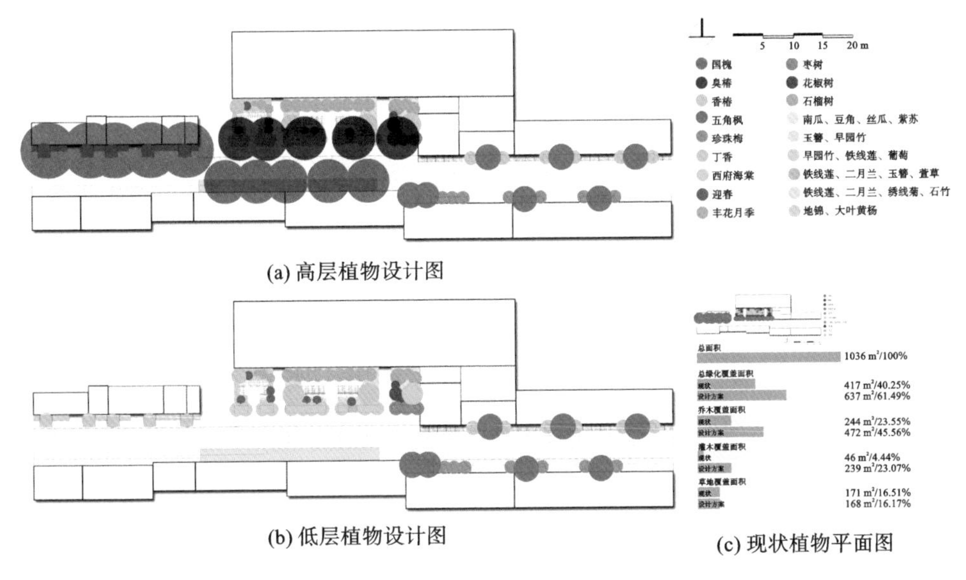

(a) 高层植物设计图

(b) 低层植物设计图

(c) 现状植物平面图

图 4-33　东四四条节点绿化植物设计图

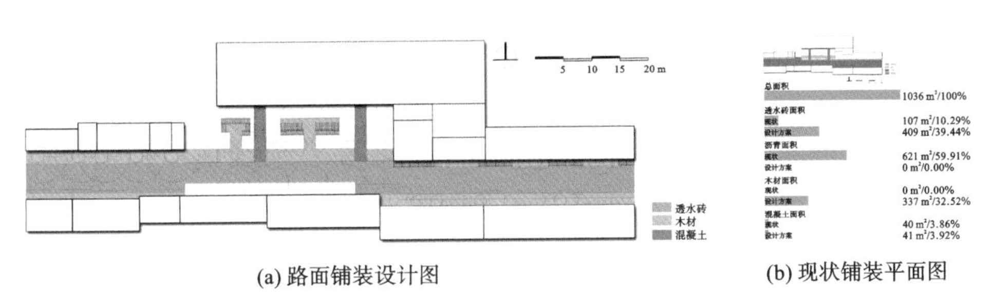

(a) 路面铺装设计图

(b) 现状铺装平面图

图 4-34　东四四条节点路面铺装设计图

4）景观设施设计

按照使用者密度在游憩活动区增加休憩座椅与长桌，方便开展活动时使用。沿游憩场所的边缘设置凉棚，并在设计后的凉棚攀缘一些喜阳植物，在节约空间的同时提高凉棚的遮阴效果。花池座椅的材料使用木材，暖和轻便，曝晒后座面不会很烫，雨后也能及时干燥（图 4-35）。

3. 热舒适度对比评估

依据现状分布图及相关数据可以看出，原先舒适区占比 4.76%，暖区占比 84.51%，热区占比 10.73%，UTCI 平均值为 29.52 ℃。改造设计后，舒适区占比 9.89%，暖区占比 90.11%，UTCI 平均值为 28.16 ℃。对比设计前后热舒适度分布状况发现，设计后 UTCI 平均值降低了 1.36 ℃，暖区和热区变化较大，舒适区变化

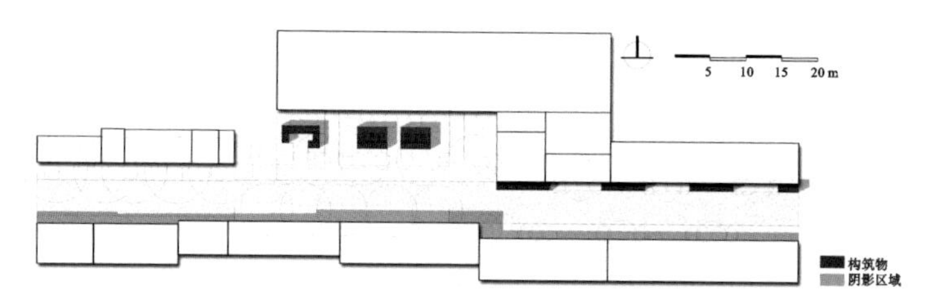

图 4-35 东四四条节点建筑阴影及构筑物设计图

较小。以浅绿色代表的暖区增加较多，由街道西部向东部扩大，呈片状分布在街道通行区。主要是针对热舒适度体验，在街道两侧种植乔木，形成“甬道”，大乔木树冠对辐射的吸收和拦截，能显著提高步行区域的热舒适度感受。黄色和橙色代表的暖区向口袋绿化收缩，布满整个口袋绿化和游憩空间。而原先红色和深粉色代表的热区已经收缩至0，全部被浅绿色和黄色代表的暖区替代。口袋绿化空间南边种植一排落叶乔木，夏天可供遮阴，冬天叶子落后又可以为游憩活动区提供充足的光照，让人们在户外也能时刻拥有舒适感受（图 4-36）。

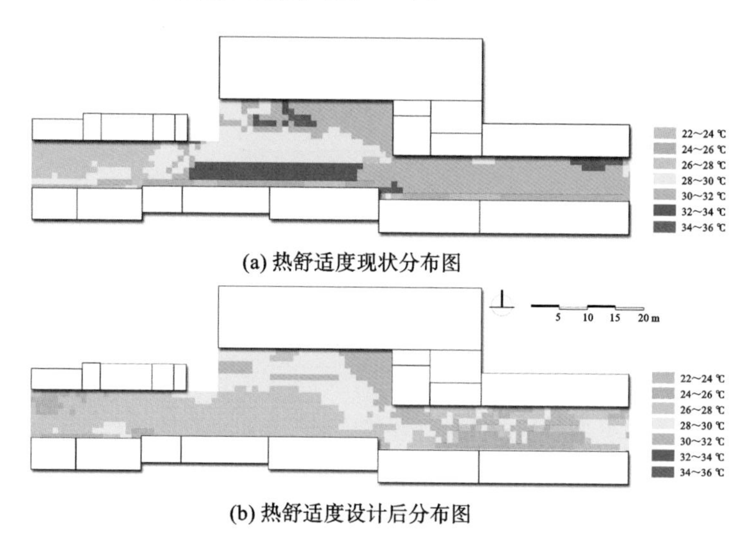

(a) 热舒适度现状分布图

(b) 热舒适度设计后分布图

图 4-36 东四四条节点热舒适度设计前后对比分析图

参考文献

[1] 许晖. 细分网格在弹性城市设计中的应用[D]. 北京:清华大学,2011.

[2] BUSQUETS J,鲁安东,薛云婧. 城市历史作为设计当代城市的线索——巴塞罗那

案例与塞尔达的网格规划[J]. 建筑学报,2012（11）:2-16.
[3] 徐骅. 初识欧洲的现代园林——法国拉维列特公园[J]. 园林,2004（7）:31-32.
[4] 高祥伟,张志国,费鲜芸. 城市公园绿地空间分布均匀度网格评价模型[J]. 南京林业大学学报（自然科学版）,2013,37（6）:96-100.
[5] 许倍慎. 江汉平原土地利用景观格局演变及生态安全评价[D]. 武汉:华中师范大学,2012.
[6] 于苏建,袁书琪. 基于网格的城市公园绿地空间格局研究——以福州市主城区为例[J]. 福建师范大学学报（自然科学版）,2011,27（6）:88-94.
[7] 陈国雄. 绿色景观于房地产开发的作用探因[J]. 广东建材,2007（8）:239-240.
[8] 周鑫,郭晓龙. 草坪建植与养护[M]. 郑州:黄河水利出版社,2010.
[9] 武新,张立新,尤长军. 增加城市绿量的好方法——垂直绿化[J]. 辽宁农业职业技术学院学报,2002,4（3）:37-38.
[10] 罗曼. 不同群落结构绿地对大气污染物的消减作用研究[D]. 武汉:华中农业大学,2013.
[11] 孙宇婧. 天津市节水型园林绿地植物景观的设计[D]. 哈尔滨:东北农业大学,2015.

第五章

结论与展望

本书关注城市街区尺度室外气候环境分析，通过街区热舒适度适应模型的建构，科学评测街区微气候环境，并开展精细化改造研究。以北京老城历史街区为例，从夏季热舒适度的研究角度，对6个历史街区中的19条街道进行了实测和ENVI-met数值模拟分析，建立历史街区热舒适度适应模型，并以模型为基础进行典型街道空间的热舒适度评测研究。在精细化改造研究方面，以三条街道为例，进行网格化分解研究，进一步探析街道空间要素与热舒适度的相关性，并进行改造设计，通过数值模拟对比改造前后热舒适度的改善状况，从而提出精细化街道空间优化手段。本书的主要结论有以下几点：

（1）针对城市街区室外微气候环境研究，对现有热舒适度指标进行评估，通过实时监测热舒适度客观机理指数与主观评价相结合的方法，确定通用热气候指数（UTCI）作为北京老城历史街区街道热舒适度的评价指标，并对其进行修正。计算得出UTCI中性值为20.59 ℃，舒适度范围为16～25 ℃。街道内部空间UTCI分布由舒适区、暖区、热区、炎热区构成，其中以暖区和热区为主，舒适区和炎热区只分布在少量街道空间中。

（2）建立了网格法分解研究体系，对街道基本空间要素和热舒适度进行相关性分析，北京老城历史街区两者相关性大小排序为：街道绿化覆盖率>建筑阴影率>街道高宽比。绿化对街道热舒适度产生明显影响，在绿化丰富的街道中，植被的绿化覆盖率占主导地位；其次，在绿化极少的情况下，建筑产生的阴影比例占主导地位；最后，对街道内部热舒适度变化影响较小的是街道高宽比。这一结论明确了北京老城历史街区空间改造更新的方向，为精准化设计提供了数据支撑。

（3）提出北京老城历史街区空间改造提升的优化策略。在绿化方面，应当采取见缝插针、碎片化布局方式；常见的种植方式有乔灌草、灌草、乔草、垂直绿化。在空间规划方面，引入大而化小的设计理念，形成“1+n”的空间格局，即在街道层面或是街区层面设计一个综合功能服务场所，其余的若干宜人尺度微空间设置独立功能，打造各具特色的小微空间，丰富街道活动。在路面铺装方面，尽量采用多孔、比热容大的材质，可以将路面铺装融入海绵城市设施中共同考量，使街道适应夏季多雨的特点。在景观设施方面，可以适当增加构筑物以此来提升街道阴影区域的面积，也可以考虑设置智能设备和居民互动装置，如晴雨表和智慧化微气候优化装置等，给予街道行人舒适的体验。

本研究以北京老城历史街区为例构建热舒适度适应模型，研究的季节为夏季，研究得出的结论对今后历史街区热舒适度改善及空间改造提升有一定的参考依据。

本研究仍然有一些不足之处:

（1）对北京老城历史街区街道的调研数量有限，本书只调研了其中 19 条街道，其余未能涉及。 还有调研的季节也有局限性，只研究了夏季的热舒适度，没有考虑春、秋和冬三季。 希望未来依托热舒适度适应模型的建构，可以继续进行其他街道空间和不同季节的热舒适度研究，完善城市历史街区空间热舒适度的测评及优化提升。

（2）目前对城市微气候模拟的软件比较多，通过文献研究及应用经验发现，ENVI-met 软件在模拟中小型街区空间热环境方面比较成熟，该软件也在不断升级更新，逐步向城市层面的热环境模拟发展，是研究尺度的一个重大突破。 但是模型的精细程度方面仍需改进，缺少城市家具、城市照明、市政设施、公共艺术装置、标识等室外设施。 为了使软件中的素材更加丰富，可以建立云端模型库，相关研究者可以相互交流，资源共享，以提升微气候模拟的精度。

（3）现场的实测数据收集以及热舒适度问卷调查是建构街区空间热舒适度适应模型的基础工作，以下几个方面应逐步完善改进：①统一监测仪器，包括仪器型号、仪器测量范围、仪器测量精度等，确保数据收集的全面性与精确性；②完善监测方式，主要是对监测点布置距离、监测点设定高度、监测季节、监测时间段、定点监测或移动监测、监测时间长短、数据收集量等制定统一化标准；③设计标准化的热舒适度调查问卷，在问卷中应包括场地信息、受访者基本信息、人的行为、主观热感觉评分等。

关于城市微气候环境的研究，相关影响因素较复杂，其中热舒适度的研究涉及人体感知评价，需要更多实验数据支撑与理论方法突破。 本研究旨在能够为室外热舒适度的研究提供更多实验数据与方法参考，并将这些研究应用于存量时代的城市更新中，实现城市精细化治理与人居环境改善提升。